国家基本职业培训包（指南包 课程包）

物联网安装调试员

人力资源社会保障部职业能力建设司编制

中国劳动社会保障出版社

图书在版编目（CIP）数据

物联网安装调试员 / 人力资源社会保障部职业能力建设司编制. -- 北京：中国劳动社会保障出版社，2021

国家基本职业培训包：指南包　课程包

ISBN 978-7-5167-4386-7

Ⅰ.①物…　Ⅱ.①人…　Ⅲ.①物联网－设备安装－职业培训－教学参考资料②物联网－设备－调试方法－职业培训－教学参考资料　Ⅳ.①TP393.4②TP18

中国版本图书馆 CIP 数据核字（2021）第 085263 号

中国劳动社会保障出版社出版发行

（北京市惠新东街 1 号　邮政编码：100029）

*

三河市华骏印务包装有限公司印刷装订　新华书店经销

880 毫米 ×1230 毫米　16 开本　8.25 印张　145 千字

2021 年 7 月第 1 版　2023 年 3 月第 2 次印刷

定价：26.00 元

营销中心电话：400-606-6496

出版社网址：http://www.class.com.cn

版权专有　　侵权必究

如有印装差错，请与本社联系调换：（010）81211666

我社将与版权执法机关配合，大力打击盗印、销售和使用盗版图书活动，敬请广大读者协助举报，经查实将给予举报者奖励。

举报电话：（010）64954652

编 制 说 明

为全面贯彻落实习近平总书记对技能人才工作的重要指示精神，进一步增强职业技能培训针对性和有效性，不断提高培训质量，培养壮大创新型、应用型、技能型人才队伍，按照《人力资源社会保障部办公厅关于推进职业培训包工作的通知》（人社厅发〔2016〕162号）的工作安排，我部持续组织开发培训需求量大的国家基本职业培训包，指导开发地方（行业）特色职业培训包，力争全面建立国家基本职业培训包制度，普遍应用职业培训包高质量开展各类职业培训。

职业培训包开发工作是新时期职业培训领域的一项重要基础性工作，旨在形成以综合职业能力培养为核心、以技能水平评价为导向，实现职业培训全过程管理的职业技能培训体系，这对于进一步提高培训质量，加强职业培训规范化、科学化管理，促进职业培训与就业需求的有效衔接，推行终身职业培训制度具有积极的作用。

国家基本职业培训包由指南包、课程包和资源包三个子包构成，是集培养目标、培训要求、培训内容、课程规范、考核大纲、教学资源等为一体的职业培训资源总和，是职业培训机构对劳动者开展政府补贴职业培训服务的工作规范和指南。

国家基本职业培训包遵循《职业培训包开发技术规程（试行）》的要求，依据国家职业技能标准和企业岗位技术规范，结合新经济、新产业、新职业发

编制说明

展编制，力求客观反映现阶段本职业（工种）的技术水平、对从业人员的要求和职业培训教学规律。

《国家基本职业培训包（指南包 课程包）——物联网安装调试员》是在各有关专家的共同努力下完成的。参加编写的主要人员有王志良、解迎刚、张卿、殷玉祥、樊勇、管继斌、张燕红、史宝会、罗智、柴勇、李丹、段强、段文燕、王洪泊、崔永亮，参加审定的主要人员有纪文刚、郑轶群、王新强、吴韶波。在编制过程中得到了北京物联网学会、北京市仪器仪表高级技工学校、北京信息科技大学、北京信息职业技术学院、北京科技大学、北京市丰台区职业教育中心学校、江西鹰潭市智汇物联网应用研究院有限公司、中盈创信（北京）科技有限公司、广东三向科技研究院、江西师范高等专科学校、北京研华兴业电子科技有限公司、天津市职业大学、北京时代凌宇科技股份有限公司、盘智科技（北京）有限公司、北京环宇惠恩科技有限公司、亮智（北京）物联科技有限责任公司等有关单位的大力支持，在此一并致谢。

人力资源社会保障部职业能力建设司

国家基本职业培训包编审委员会

主　任　刘　康

副主任　张　斌　王晓君　袁　芳　葛　玮

委　员　田　丰　项声闻　尚　涛　葛恒双

　　　　蔡　兵　赵　欢　吕红文

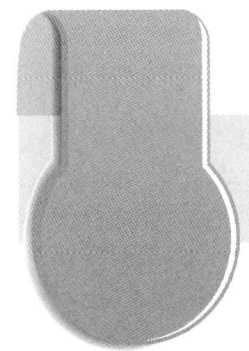

目录

1 指南包

1.1 职业培训包使用指南 …………………………………………………… 002
1.1.1 职业培训包结构与内容 …………………………………………… 002
1.1.2 培训课程体系介绍 ………………………………………………… 003
1.1.3 培训课程选择指导 ………………………………………………… 010

1.2 职业指南 ………………………………………………………………… 011
1.2.1 职业描述 …………………………………………………………… 011
1.2.2 职业培训对象 ……………………………………………………… 011
1.2.3 就业前景 …………………………………………………………… 011

1.3 培训机构设置指南 ……………………………………………………… 011
1.3.1 师资配备要求 ……………………………………………………… 011
1.3.2 培训场所设备配置要求 …………………………………………… 012
1.3.3 教学资料配备要求 ………………………………………………… 014
1.3.4 管理人员配备要求 ………………………………………………… 015
1.3.5 管理制度要求 ……………………………………………………… 015

2 课程包

2.1 培训要求 ………………………………………………………………… 018
2.1.1 职业基本素质培训要求 …………………………………………… 018
2.1.2 五级/初级职业技能培训要求 …………………………………… 019
2.1.3 四级/中级职业技能培训要求 …………………………………… 022

目录

2.1 (续)
- 2.1.4 三级/高级职业技能培训要求 ········· 026
- 2.1.5 二级/技师职业技能培训要求 ········· 028
- 2.1.6 一级/高级技师职业技能培训要求 ········· 031

2.2 课程规范 ········· 034
- 2.2.1 职业基本素质培训课程规范 ········· 034
- 2.2.2 五级/初级职业技能培训课程规范 ········· 039
- 2.2.3 四级/中级职业技能培训课程规范 ········· 044
- 2.2.4 三级/高级职业技能培训课程规范 ········· 050
- 2.2.5 二级/技师职业技能培训课程规范 ········· 055
- 2.2.6 一级/高级技师职业技能培训课程规范 ········· 060
- 2.2.7 培训建议中培训方法说明 ········· 066

2.3 考核规范 ········· 067
- 2.3.1 职业基本素质培训考核规范 ········· 067
- 2.3.2 五级/初级职业技能培训理论知识考核规范 ········· 068
- 2.3.3 五级/初级职业技能培训操作技能考核规范 ········· 070
- 2.3.4 四级/中级职业技能培训理论知识考核规范 ········· 070
- 2.3.5 四级/中级职业技能培训操作技能考核规范 ········· 072
- 2.3.6 三级/高级职业技能培训理论知识考核规范 ········· 073
- 2.3.7 三级/高级职业技能培训操作技能考核规范 ········· 074
- 2.3.8 二级/技师职业技能培训理论知识考核规范 ········· 075
- 2.3.9 二级/技师职业技能培训操作技能考核规范 ········· 076
- 2.3.10 一级/高级技师职业技能培训理论知识考核规范 ········· 077
- 2.3.11 一级/高级技师职业技能培训操作技能考核规范 ········· 078

附录　培训要求与课程规范对照表

- 附录1 职业基本素质培训要求与课程规范对照表 ········· 080
- 附录2 五级/初级职业技能培训要求与课程规范对照表 ········· 084
- 附录3 四级/中级职业技能培训要求与课程规范对照表 ········· 091
- 附录4 三级/高级职业技能培训要求与课程规范对照表 ········· 100
- 附录5 二级/技师职业技能培训要求与课程规范对照表 ········· 106
- 附录6 一级/高级技师职业技能培训要求与课程规范对照表 ········· 112
- 附录7 相关术语解释 ········· 120

1 指南包

1.1 职业培训包使用指南

1.1.1 职业培训包结构与内容

物联网安装调试员职业培训包由指南包、课程包、资源包三个子包构成，结构如下图所示：

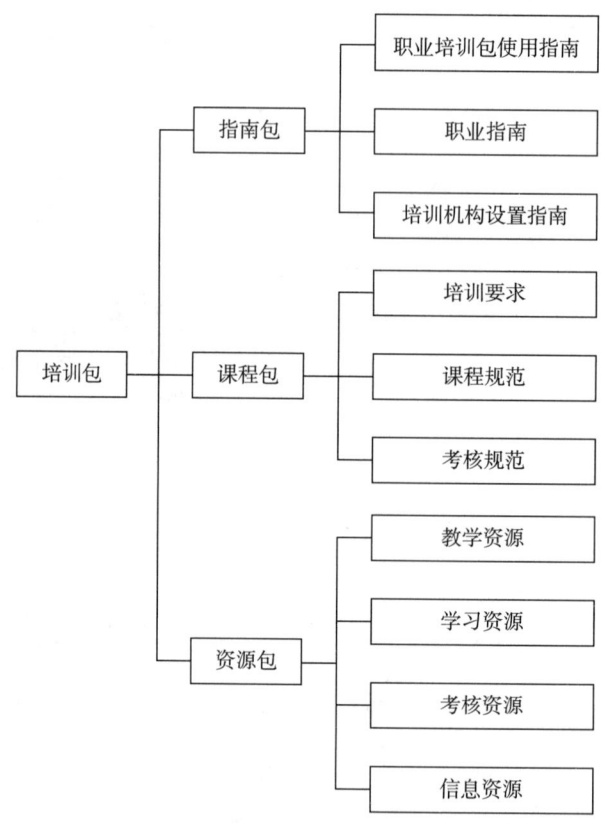

职业培训包结构图

指南包是指导培训机构、培训教师与学员开展职业培训的服务性内容总和，包括职业培训包使用指南、职业指南和培训机构设置指南。职业培训包使用指南是培训教师与学员了解职业培训包内容、选择培训课程、使用培训资源的说明性文本；职业指南是对职业信息的概述；培训机构设置指南是对培训机构开展职业培训提出的具体要求。

课程包是培训机构与教师实施职业培训、培训学员接受职业培训必须遵守的规范总和，包括培训要求、课程规范、考核规范。培训要求是参照国家职业技能标准、结合职业岗位工作实际需求制定的职业培训规范；课程规范是依据培训要求、结合职业培训教学规律，对课程设置、课堂学时、课程内容与培训方法等所做的统一规定；考核规范是针对课程规范中所规定的课程内容开发的，能够科学评价培训学员过程性学习效果与终结性培训成果的规则，是客观衡量培训学员职业基本素质与职业技能水平的标准，也是实施职业培训过程性与终结性考核的依据。

资源包是依据课程包要求，基于培训学员特征，遵循职业培训教学规律，应用先进职业培训课程理念开发的多媒介、多形式的职业培训与考核资源总和，包括教学资源、学习资源、考核资源和信息资源。教学资源是为培训教师组织实施职业培训教学活动提供的相关资源；学习资源是为培训学员学习职业培训课程提供的相关资源；考核资源是为社会培训机构和教师实施职业培训考核提供的相关资源；信息资源是为培训教师和学员拓展视野提供的体现科技进步、职业发展的相关动态资源。

1.1.2 培训课程体系介绍

物联网安装调试员职业培训课程体系依据职业技能等级分为职业基本素质培训课程、五级/初级职业技能培训课程、四级/中级职业技能培训课程、三级/高级职业技能培训课程、二级/技师职业技能培训课程和一级/高级技师职业培训课程，每一类课程包含培训模块、课程和学习单元三个层级。物联网安装调试员职业培训课程体系均源自本职业培训包课程包的课程规范，以学习单元为基础，形成职业层次清晰、内容丰富的"培训课程超市"。

物联网安装调试员职业培训课程学时分配一览表

职业技能等级	课堂学时		其他学时	培训总学时
	职业基本素质培训课程	职业技能培训课程		
五级/初级	70	90	120	280
四级/中级	40	100	150	290
三级/高级	20	100	150	270
二级/技师	10	90	40	140
一级/高级技师	0	80	30	110

注：课堂学时是指培训机构开展的理论课程教学及实操课程教学的建议最低学时数，其中职业基本素质培训课程为理论知识培训课程，职业技能培训课程包含理论知识和操作技能培训课程。除课堂学时外，培训总学时还应包括岗位实习、现场观摩、自学自练等其他学时。

（1）职业基本素质培训课程

模块	课程	学习单元	课堂学时
1. 职业认知与职业道德	1-1 职业认知	（1）物联网系统概述	1
		（2）物联网安装调试员职业认知	1
	1-2 职业道德	物联网安装调试员职业道德	2
	1-3 职业守则	物联网安装调试员职业守则	1
2. 基础知识	2-1 计算机基础	（1）计算机硬件知识	1
		（2）计算机操作系统知识	2
		（3）计算机应用软件	1
		（4）计算机通信网络知识	3
		（5）数据库知识	1
		（6）计算机安全知识	2
	2-2 电工电子基础	（1）电工基础知识	4
		（2）电气控制基础知识	4
		（3）供配电基础知识	2
		（4）电子技术基础知识	4
	2-3 物联网系统基础知识	（1）物联网感知基本知识	6
		（2）物联网网络和通信	6
		（3）物联网数据处理基本知识	4
		（4）物联网控制技术	2
		（5）物联网安全技术	4
	2-4 物联网应用场景	（1）物联网技术应用场景	1
		（2）物联网智能家居应用场景	2
		（3）物联网智能楼宇应用场景	2
		（4）物联网智能物流应用场景	1
		（5）物联网智能交通应用场景	2
		（6）物联网智慧养老应用场景	1
		（7）物联网智慧社区应用场景	1
		（8）物联网智慧园区应用场景	1
		（9）物联网智慧农业应用场景	1
		（10）物联网智慧工厂应用场景	1
	2-5 安全生产与环境保护	安全生产与环境保护知识	4
	2-6 相关法律、法规	相关法律、法规知识	2
课堂学时合计			70

(2) 五级/初级职业技能培训课程

模块	课程	学习单元	课堂学时
1. 网络环境建立与管理	1-1 识读物联网网络施工图	(1) 识读物联网网络施工图	2
		(2) 识读网络设备对应的网络施工图	2
		(3) 定位物联网网络设备安装位置	2
	1-2 制作网络跳线	(1) 选用合适的网线类型	2
		(2) 制作网络跳线	4
		(3) 测试网络跳线	4
	1-3 安装调试路由器	(1) 选用路由器	2
		(2) 安装、配置有线网络路由器	2
		(3) 安装、配置无线网络路由器	2
		(4) 搭建物联网应用单元网络环境	4
2. 硬件设备安装与调试	2-1 识读电气图	(1) 识读电气原理图	4
		(2) 识读电气元件布置图	2
		(3) 识读电气安装接线图	2
		(4) 识读电路原理图	4
	2-2 使用常用电工电子工具和仪表	(1) 电工刀和钳类工具的使用	4
		(2) 焊接工具的使用	4
		(3) 常用测量仪表的使用	8
	2-3 使用物联网标识	(1) 物联网标识概述	2
		(2) 制作二维码	2
		(3) RFID标签的使用	4
	2-4 安装、调试物联网基础功能模块	(1) 安装位置选择	1
		(2) 安装、调试感知模块	6
		(3) 安装、调试本地控制模块	5
		(4) 安装、调试执行模块	4
3. 软件安装与使用	3-1 安装物联网应用软件	(1) 不同操作系统下的物联网应用软件	4
		(2) 下载并安装计算机端物联网应用软件	2
		(3) 下载并安装移动端物联网应用软件	2
	3-2 使用物联网应用软件	(1) 物联网应用软件的配置及使用	3
		(2) 物联网应用软件的维护	1
课堂学时合计			90

(3) 四级／中级职业技能培训课程

模块	课程	学习单元	课堂学时
1. 网络环境建立与管理	1-1 配置物联网常用短距离通信网络	（1）配置紫蜂（ZigBee）网络	4
		（2）配置蓝牙网络	2
		（3）配置 Wi-Fi 网络	2
	1-2 配置物联网远距离无线通信网络	（1）配置 LoRa 网络	4
		（2）配置 NB-IoT 网络	4
	1-3 安装、配置物联网网关设备	（1）配置以太网网络	2
		（2）选用物联网网关设备	2
		（3）安装、配置有线物联网网关	4
		（4）安装、配置无线物联网网关	4
		（5）利用物联网网关搭建物联网应用场景	6
	1-4 测试物联网网络性能	（1）安装、使用物联网网络软硬件测试工具	4
		（2）测试物联网网络性能	2
		（3）撰写物联网网络性能测试报告	2
2. 硬件设备安装与调试	2-1 选择物联网终端	（1）施工环境勘测	4
		（2）选择物联网终端	4
	2-2 安装调试传感器	（1）热敏、湿敏传感器的安装调试	6
		（2）光电传感器的安装调试	4
		（3）气敏传感器的安装调试	4
		（4）磁敏传感器的安装调试	2
		（5）超声波传感器的安装调试	2
	2-3 安装调试执行器	（1）断路器的安装调试	4
		（2）继电器的安装调试	2
		（3）电磁阀的安装调试	2
		（4）电动机的安装调试	4
3. 软件安装与使用	3-1 使用串口调试工具软件	（1）安装串口调试工具软件	2
		（2）配置和使用串口调试工具软件	2
	3-2 使用 IP 地址扫描工具软件	（1）安装 IP 地址扫描工具软件	2
		（2）定位目标主机	2
		（3）判断目标主机的网络连通状态	1

续表

模块	课程	学习单元	课堂学时
3．软件安装与使用	3-3 使用蓝牙调试工具软件	（1）安装并配置蓝牙调试工具软件	1
		（2）使用工具软件跟踪传输的蓝牙数据包	2
	3-4 使用 ZigBee 调试工具软件	（1）安装并配置 ZigBee 调试工具软件	1
		（2）使用工具软件跟踪传输的 ZigBee 数据包	2
4．物联网云平台使用	4-1 注册物联网云平台及认证账户	物联网云平台的注册及账户认证	1
	4-2 使用物联网云平台采集物联网设备数据及控制设备	物联网设备的接入与控制	4
课堂学时合计			100

（4）三级／高级职业技能培训课程

模块	课程	学习单元	课堂学时
1．网络环境建立与管理	1-1 配置楼宇范围物联网网络环境	（1）配置楼宇范围的 RS 485 网络	6
		（2）实现楼宇范围的 LoRa 无线通信网络覆盖	6
		（3）实现楼宇范围的 Wi-Fi 无线通信网络覆盖	6
	1-2 接入移动互联网网络	（1）配置 4G/5G 网关	4
		（2）物联网设备 4G/5G 移动网接入	4
2．硬件设备安装与调试	2-1 安装调试变送器	（1）检测变送器	2
		（2）安装调试变送器	6
		（3）保养和维护变送器	4
	2-2 调试单片机应用系统	（1）单片机的检测	3
		（2）单片机板卡更换	1
		（3）单片机 I/O 控制应用	10
		（4）单片机数据采集与处理	6
3．软件安装与使用	3-1 使用网络协议分析软件	（1）安装并使用网络协议分析软件	2
		（2）分析主机和端口的数据	3
	3-2 使用数据库管理软件	（1）安装与使用常用的数据库管理软件	2
		（2）导入数据文件	2
		（3）对数据进行查询、删除、修改操作	3

续表

模块	课程	学习单元	课堂学时
4．物联网云平台使用	4-1 采集变送器数据到物联网云平台	采集变送器数据	4
	4-2 处理和使用云平台数据	云平台数据的处理和使用	4
5．智能物联网系统搭建与使用	5-1 调校智能视频和音频传感器	（1）调校摄像头光、电参数	2
		（2）安装摄像机	4
		（3）调校拾音器电参数	2
		（4）安装拾音器	2
	5-2 搭建智能物联网应用	（1）标注对象特征	1
		（2）训练应用模型	4
		（3）参数调优	1
		（4）部署智能物联网应用	6
课堂学时合计			100

（5）二级／技师职业技能培训课程

模块	课程	学习单元	课堂学时
1．网络环境建立与管理	1-1 搭建中型物联网应用网络环境	（1）安装中型物联网应用网络设备	4
		（2）配置中型物联网应用网络环境	4
	1-2 优化物联网网络参数	（1）分析物联网网络性能测试报告	4
		（2）优化物联网网络参数	4
2．硬件设备安装与调试	2-1 物联网终端集成	（1）编制物联网终端集成方案	4
		（2）集成物联网终端功能模块	6
	2-2 排查物联网终端故障	排除物联网终端故障	8
3．软件系统部署与维护	3-1 使用数据分析软件	（1）安装并使用数据分析软件	2
		（2）获取数据文件	1
		（3）处理和分析数据	2
	3-2 部署物联网平台	（1）物联网平台的结构分析	1
		（2）配置服务器软件环境	2
		（3）安装并配置物联网平台	2
		（4）运行并使用物联网平台	2

续表

模块	课程	学习单元	课堂学时
4. 物联网云平台使用	4-1 转换网络数据格式	数据格式的转换	2
	4-2 深度处理和使用云平台数据	(1) 规则引擎的使用	2
		(2) 第三方数据的导入和展示	4
5. 智能物联网系统搭建与使用	5-1 构建边缘物联网系统	(1) 搭建和注册边缘物联网应用系统	4
		(2) 部署容器	6
	5-2 边缘物联网系统联动设置	(1) 边缘网关规则设置	4
		(2) 云边消息管理和协同	6
6. 管理与创新	6-1 实施管理	物联网工程项目的组织管理	4
	6-2 质量管理	物联网工程质量保证	4
7. 培训与指导	7-1 工作指导	对三级/高级工及以下技能等级人员进行操作技术指导	4
	7-2 技能培训	技术技能人员培训	4
课堂学时合计			90

(6) 一级/高级技师职业技能培训课程

模块	课程	学习单元	课堂学时
1. 网络环境建立与管理	1-1 制定大型物联网应用网络系统施工方案	制定大型物联网应用网络施工方案	4
	1-2 排除大型物联网网络故障	(1) 物联网网络故障的判定	4
		(2) 物联网网络故障的排除	4
2. 硬件系统集成与维护	2-1 集成物联网硬件系统	(1) 物联网硬件系统集成方案编制	4
		(2) 物联网硬件设备子系统集成	2
		(3) 物联网硬件系统功能的扩展	2
	2-2 维护物联网硬件系统	(1) 物联网硬件系统故障的排除	4
		(2) 物联网硬件系统的维护	2
3. 软件系统部署与维护	3-1 部署物联网软件系统	(1) 物联网软件系统部署说明文档的编制	1
		(2) 物联网软件系统的部署和配置	2
	3-2 维护物联网软件系统	(1) 物联网应用程序日志的解读	1
		(2) 物联网软件系统的诊断	2
		(3) 物联网软件系统故障的诊断与排除	2
		(4) 物联网软件系统的优化	2

续表

模块	课程	学习单元	课堂学时
4. 物联网云平台使用	4-1 复杂应用场景中的数据采集与传输	（1）不同类型设备的数据采集	2
		（2）不同总线协议设备的数据采集	4
	4-2 使用数据可视化工具	三维可视化工具的使用	4
5. 智能物联网系统搭建与使用	5-1 构建智能物联网应用系统	（1）物联网安全	6
		（2）算力加速设备和工具运用	2
	5-2 构建5G物联网系统	（1）多传感器融合系统设计	6
		（2）5G CPE 网关与平台设置	4
		（3）5G CPE 网络性能测试及组网方式优化	2
6. 管理与创新	6-1 实施管理	物联网工程项目管理	4
	6-2 项目成本核算	物联网工程项目成本核算	2
7. 培训与指导	7-1 工作指导	指导技师以下技能等级人员进行安全操作及故障排除	4
	7-2 技能培训	培训技师及以下技能等级人员	4
课堂学时合计			80

1.1.3 培训课程选择指导

职业基本素质培训课程为必修课程，相当于本职业的入门课程，各级别职业技能培训课程由培训机构教师根据培训学员实际情况，遵循高级别涵盖低级别的原则进行选择。

原则上，初入职的培训学员应学习职业基本素质培训课程和五级/初级职业技能培训课程的全部内容，有职业技能等级提升需求的培训学员，可按照国家职业技能标准的"职业技能鉴定要求"，对照自身需求选择更高等级的培训课程。具有一定从业经验、无职业技能等级晋升要求的培训学员，可根据自身实际情况自主选择本职业培训课程。其具体方法为：（1）选择课程模块；（2）在模块中筛选课程；（3）在课程中筛选学习单元；（4）组合成本次培训的整个课程。

培训教师可以根据以上方法对培训学员进行单独指导。对于订单培训，培训教师可以按照如上方法，对照订单要求进行培训课程的选择。

1.2 职业指南

1.2.1 职业描述

物联网安装调试员是利用检测仪器和专用工具安装、配置、调试物联网产品与设备的人员，是能够熟练操作物联网产品，构建物联网网络并运用物联网技术实现生产生活信息化、智能化的一线安装调试人员。

1.2.2 职业培训对象

参加物联网安装调试员职业培训的人群主要包括：城乡未继续升学的应届初高中毕业生、农村转移就业劳动者、城镇登记失业人员、转岗转业人员、退役军人、企业在职职工和高校毕业生等各类有培训需求的人员。

1.2.3 就业前景

物联网作为我国战略性新兴产业内容之一，目前正处于快速发展的阶段，伴随着5G技术的崛起，5G+物联网必将赋能千行百业。物联网涵盖范围十分广泛，工业、农业、服务业、能源、建设等各个领域都为物联网安装调试员提供了就业岗位和方向。预测"十四五"期间我国物联网安装调试员人才需求量达500万人，智能制造业、智慧农业、智能家居、智能交通与车联网、智能物流以及消费物联网等成为物联网人才需求的重点领域。物联网安装调试员可从事物联网产品设备的安装调试与运维、物联网网络的调试与管理等工作，就业前景广阔，晋升空间大。

1.3 培训机构设置指南

1.3.1 师资配备要求

（1）培训教师任职基本条件

1）培训五级/初级、四级/中级物联网安装调试员的教师应具备本职业三级/高级及以上职业资格证书（技能等级证书）或相关专业中级及以上专业技术职务任职资格。

2）培训三级/高级物联网安装调试员的教师应具有本职业二级/技师及以上职业资格证书（技能等级证书）或相关专业中级及以上专业技术职务任职资格。

3）培训物联网安装调试员二级/技师的教师应具有本职业一级/高级技师职业资格证书（技能等级证书）或相关专业高级专业技术职务任职资格。

4）培训物联网安装调试员一级/高级技师的教师应具有本职业一级/高级技师职业资格证书（技能等级证书）两年以上或相关专业高级专业技术职务任职资格。

(2) 培训教师数量要求（以20人培训班为基准）

1）理论课教师：一人以上，培训规模超过20人的，按教师与学员之比不低于1∶20配备教师。

2）实习指导教师：一人以上，培训规模超过20人的，按教师与学员之比不低于1∶20配备教师。

1.3.2 培训场所设备配置要求

培训场所设备配置要求如下（以30人培训班为基准）：

(1) 理论知识培训场所设备配置要求：60平方米以上标准教室，多媒体教学设备（计算机、投影仪、幕布或显示屏、网络接入设备、音响设备）、黑板、30套以上桌椅，符合照明、通风、安全等相关规定。

(2) 操作技能培训场所设备配置要求：实训工位充足，设备设施配套齐全，符合环保、劳保、安全、卫生、消防、通风和照明等相关规定及安全规程要求。物联网安装调试员初级技能、中级技能、高级技能实训场所的实训设备数量和工具配置需同时满足30名学员进行实训教学，每个工位实训学员不超过5人；物联网安装调试员技师和高级技师实训场所的实训设备和工具配置需同时满足20名学员进行实训教学。

操作技能培训场所设备配置应符合物联网安装调试员培训主要实训教室工位数及主要设备配置要求对照表所列要求。

物联网安装调试员培训主要实训教室工位数及主要设备配置要求对照表

实训室名称	工位数量	主要设备、工具及材料	人数/工位	培训等级				
				五级/初级	四级/中级	三级/高级	二级/技师	一级/高级技师
电工电子基础实训室	30	1．电工实训台 2．电工工具箱 3．常用低压电器 4．常用电子元器件 5．测量仪表 6．电路焊接工具 7．单片机开发套件 8．耗材（电路板、导线等） 9．静电防护用品	1	√	√	√		
计算机网络基础实训室	30	1．PC机 2．操作系统及应用软件 3．交换机 4．路由器 5．防火墙 6．服务器 7．网线制作工具 8．线缆测试工具 9．光纤热熔和冷接工具 10．耗材	1	√	√	√		
物联网安装调试基础实训室	30	1．PC机 2．操作系统及应用软件 3．有源、无源标签、射频标签 4．RFID标签读写器 5．RFID制作套件 6．条码打印机 7．常用传感器 8．声光报警器 9．智能插座、智能电器等 10．RS485继电器 11．Wi-Fi路由器 12．移动端控制设备 13．ZigBee、Wi-Fi、蓝牙、LoRa及NB-IoT节点模块 14．物联网网关 15．调试软件及工具 16．耗材	1	√	√			

续表

实训室名称	工位数量	主要设备、工具及材料	人数/工位	培训等级				
				五级/初级	四级/中级	三级/高级	二级/技师	一级/高级技师
物联网应用实训室	30	1．PC机 2．操作系统及应用软件 3．RS485通信网关 4．ZigBee通信网关 5．LoRa通信网关（基站） 6．NB-IoT通信网关 7．网络和应用服务器 8．电流变送器和电压变送器 9．单目、双目摄像机 10．定向和全向音频采集设备 11．移动端控制设备 12．物联网边缘网关 13．常用传感器 14．常用执行器 15．耗材	1			√	√	
物联网综合实训室	20	1．PC机 2．操作系统及应用软件 3．GPU算力加速设备 4．5G CPE网关 5．物联网边缘网关 6．线路故障设置与检测设备 7．移动端控制设备 8．网络防火墙 9．常用传感器 10．常用执行器 11．耗材	1				√	√

1.3.3 教学资料配备要求

（1）培训规范：《物联网安装调试员国家职业技能标准》《物联网安装调试员职业基本素质培训要求》《物联网安装调试员职业技能培训要求》《物联网安装调试员职业基本素质培训课程规范》《物联网安装调试员职业技能培训课程规范》《物联网安装调试员职业基本素质培训考核规范》《物联网安装调试员职业技能培训理论知识考核规

范》《物联网安装调试员职业技能培训操作技能考核规范》。

(2) 教学资源：教材教辅、信息化教学资源等内容必须符合"(1) 培训规范"。

1.3.4　管理人员配备要求

(1) 专职校长：1 人，应具有本科及以上文化程度，中级及以上专业技术职务任职资格，从事职业技术教育及教学管理 5 年以上，熟悉职业培训的有关法律法规。

(2) 教学管理人员：2 人以上，专职不少于 1 人，应具有大专以上文化程度，中级及以上专业技术职务任职资格，从事职业技术教育及教学管理 5 年以上，具有丰富的教学管理经验。

(3) 办公室人员：1 人以上，应具有大专及以上文化程度。

(4) 财务管理人员：1 人，应具有大专及以上文化程度、财会人员从业资格证书。

1.3.5　管理制度要求

应建立健全完备的管理制度，包括办学章程与发展规划、教学管理、教师管理、学员管理、财务管理、设备管理等制度。

2 课程包

2.1 培训要求

2.1.1 职业基本素质培训要求

职业基本素质模块	培训内容	培训细目
1. 职业认知与职业道德	1-1 职业认知	(1) 物联网架构 (2) 物联网安装调试的要求 (3) 物联网安装调试员的工作职责 (4) 物联网安装调试员的工作内容
	1-2 职业道德	(1) 公民道德规范标准 (2) 物联网安装调试员职业道德 (3) 树立正确的技能观 (4) 职业规范
	1-3 职业守则	物联网安装调试员职业守则
2. 基础知识	2-1 计算机基础	(1) 计算机硬件组成 (2) 计算机硬件连接 (3) 计算机操作系统 (4) 计算机软件知识 (5) 计算机网络知识 (6) TCP/IP[①]体系结构 (7) 数据库知识 (8) 计算机安全知识 (9) 计算机安全防范
	2-2 电工电子基础	(1) 电工电路基本知识 (2) 安全用电 (3) 常用低压电器 (4) 电气事故及紧急处理 (5) 供配电系统基础知识 (6) 元器件的识读
	2-3 物联网系统基础知识	(1) RFID 技术基础 (2) NFC 技术基础 (3) 二维码技术基础 (4) 传感器的分类 (5) 传感器的应用 (6) 串口通信技术

① 英文缩略词全称及解释见附录 7。

续表

职业基本素质模块	培训内容	培训细目
2. 基础知识	2-3 物联网系统基础知识	(7) 蓝牙通信的特点和使用场景 (8) ZigBee 通信的特点和使用场景 (9) LoRa 通信的特点和使用场景 (10) NB-IoT 技术的特点和使用场景 (11) 移动通信的性能比较 (12) 物联网云平台体验 (13) 物联网控制方法 (14) 物联网设备安全
	2-4 物联网应用场景	(1) 物联网体系结构 (2) 智能家居应用场景 (3) 智能楼宇应用场景 (4) 智能物流应用场景 (5) 智能交通应用场景 (6) 智慧养老应用场景 (7) 智慧社区应用场景 (8) 智慧园区应用场景 (9) 智慧农业应用场景 (10) 智慧工厂应用场景
	2-5 安全生产与环境保护	(1) 防火安全相关知识 (2) 安全用电相关知识 (3) 现场作业安全管理知识 (4) 安全生产操作规范 (5) 现场急救知识
	2-6 相关法律、法规	(1) 相关法律知识 (2) 相关法规知识

2.1.2 五级／初级职业技能培训要求

职业功能模块	培训内容	技能目标	培训细目
1. 网络环境建立与管理	1-1 识读物联网网络施工图	1-1-1 能识读物联网网络施工图	(1) 识读物联网网络施工图图例 (2) 识读物联网网络施工图
		1-1-2 能识读网络设备对应的网络施工图图例	(1) 识读网络设备图例 (2) 识读网络设备对应的网络施工图图例
		1-1-3 能标注网络施工图中物联网网络设备安装位置	(1) 识读物联网施工图布线要求 (2) 标注物联网网络设备安装位置

续表

职业功能模块	培训内容	技能目标	培训细目
1. 网络环境建立与管理	1-2 制作网络跳线	1-2-1 能选用合适的网线类型	(1) 选用双绞线网线类型 (2) 选用光纤网线类型 (3) 选用同轴电缆网线类型
		1-2-2 能利用网线钳等工具制作网络跳线	(1) 制作同轴电缆网络跳线 (2) 制作双绞线网络跳线 (3) 制作光纤网络跳线
		1-2-3 能利用网络测线仪测试网络跳线	(1) 测试同轴电缆网络跳线 (2) 测试双绞线网络跳线 (3) 测试光纤网络跳线
	1-3 安装调试路由器	1-3-1 能选用路由器	(1) 识读路由器参数 (2) 选用路由器
		1-3-2 能安装、配置有线网络路由器	(1) 安装有线网络路由器 (2) 配置有线网络路由器
		1-3-3 能安装、配置无线网络路由器	(1) 安装无线网络路由器 (2) 配置无线网络路由器
		1-3-4 能搭建一个物联网应用单元网络环境	(1) 建立路由器有线连接 (2) 建立路由器无线连接 (3) 建立单个物联网终端无线连接
2. 硬件设备安装与调试	2-1 识读电气图	2-1-1 能识读电气原理图	(1) 识读常用电气图形符号 (2) 识读常用电气文字符号 (3) 识读主电路图 (4) 识读控制电路图
		2-1-2 能识读电气元件布置图	识读电气元件布置图
		2-1-3 能识读电气安装接线图	(1) 识读电气安装接线图中的符号 (2) 识读线缆及安装标注 (3) 识读电气安装接线图
		2-1-4 能识读电路原理图	(1) 识读常用电子元器件图形符号和文字符号 (2) 识读电路原理图 (3) 识读PCB图

续表

职业功能模块	培训内容	技能目标	培训细目
2. 硬件设备安装与调试	2-2 使用常用电工电子工具和仪表	2-2-1 能识别并使用常用电工工具	(1) 使用电工刀剖削电线 (2) 使用钢丝钳、偏口钳剪切电线 (3) 使用尖嘴钳给单股电线接头弯圈、剥绝缘层 (4) 使用剥线钳剥削电线 (5) 使用焊接工具焊接电路
		2-2-2 能识别并使用常用测量仪表	(1) 使用低压验电器测量物体是否带电 (2) 使用万用表测电阻、电压、电流、电容等参数 (3) 使用万用表对电容、三极管进行测量并判断好坏 (4) 使用兆欧表测量线缆的绝缘性能 (5) 使用示波器观察信号
	2-3 使用物联网标识	2-3-1 能根据需求进行物联网标识选型	(1) 识别物联网标识 (2) 物联网标识选型
		2-3-2 能制作二维码	制作二维码
		2-3-3 能使用标签阅读器对RFID标签进行读写操作	(1) 识别RFID标签 (2) 读写低频RFID标签信息 (3) 读写高频RFID标签信息
	2-4 安装、调试物联网基础功能模块	2-4-1 能根据需求选择物联网功能模块的安装位置	(1) 选择烟雾感知模块的安装位置 (2) 选择光照度感知模块的安装位置
		2-4-2 能安装、调试感知模块	(1) 安装感知模块 (2) 调试感知模块
		2-4-3 能安装、调试本地控制模块	(1) 安装、调试本地控制模块 (2) 配置本地控制模块
		2-4-4 能安装、调试执行模块	(1) 安装执行模块 (2) 调试执行模块

续表

职业功能模块	培训内容	技能目标	培训细目
3．软件安装与使用	3-1 安装物联网应用软件	3-1-1 能在计算机端下载或复制厂家提供的物联网应用软件	（1）了解不同操作系统下的物联网应用软件 （2）获取物联网应用软件
		3-1-2 能在计算机端安装物联网应用软件	安装物联网应用软件
		3-1-3 能在手机端下载并安装厂家提供的移动端物联网应用软件App	（1）获取移动端物联网应用软件App （2）安装移动端物联网应用软件App
		3-1-4 能在手机端加载厂家提供的移动端物联网应用软件微信小程序	加载微信小程序
	3-2 使用物联网应用软件	3-2-1 能识读物联网应用软件说明书	识读物联网应用软件说明书
		3-2-2 能根据软件说明书配置并使用物联网应用软件	（1）配置物联网应用软件 （2）使用物联网应用软件
		3-2-3 能维护物联网应用软件	（1）检查物联网应用软件的版本 （2）更新物联网应用软件 （3）卸载物联网应用软件

2.1.3 四级／中级职业技能培训要求

职业功能模块	培训内容	技能目标	培训细目
1．网络环境建立与管理	1-1 配置物联网常用短距离通信网络	1-1-1 能配置紫蜂（ZigBee）网络	（1）配置ZigBee协调器 （2）配置ZigBee路由器 （3）配置ZigBee终端
		1-1-2 能配置蓝牙（Blue Tooth）网络	（1）配置对等蓝牙网络 （2）配置主从蓝牙网络
		1-1-3 能配置Wi-Fi网络	（1）配置无线路由器Wi-Fi网络 （2）配置物联网终端Wi-Fi连接

续表

职业功能模块	培训内容	技能目标	培训细目
1．网络环境建立与管理	1-2 配置物联网常用远距离无线通信网络	1-2-1 能配置远距离无线（LoRa）通信网络	（1）配置 LoRa 网关 （2）配置物联网终端 LoRa 连接
		1-2-2 能配置窄带物联网（NB-IoT）无线通信网络	（1）配置 NB-IoT 网关 （2）配置物联网终端
	1-3 安装、配置物联网网关设备	1-3-1 能配置以太网网络	（1）配置有线、无线网卡以太网协议 （2）配置物联网终端以太网协议
		1-3-2 能进行物联网网关设备选型	（1）掌握有线、无线物联网网关的特点 （2）选用物联网网关
		1-3-3 能安装、配置有线物联网网关	（1）安装有线物联网网关 （2）配置有线物联网网关
		1-3-4 能安装、配置无线物联网网关	（1）安装无线物联网网关 （2）配置无线物联网网关
		1-3-5 能利用物联网网关搭建物联网应用场景	（1）开关量连接到物联网网关 （2）模拟量连接到物联网网关 （3）串行通信信号连接到物联网网关
	1-4 测试物联网网络性能	1-4-1 能使用物联网网络软硬件测试工具	（1）安装物联网网络软件测试工具 （2）使用物联网网络测试工具
		1-4-2 能测试物联网网络性能	测试物联网网络各项性能
		1-4-3 能撰写物联网网络性能测试报告	（1）掌握测试报告撰写规范 （2）撰写测试报告
2．硬件设备安装与调试	2-1 选择物联网终端	2-1-1 能勘测施工环境	（1）绘制安装点位图 （2）绘制布线施工图
		2-1-2 能根据需求选用物联网终端	（1）选择物联网终端 （2）选用传感器 （3）选用执行器

续表

职业功能模块	培训内容	技能目标	培训细目
2．硬件设备安装与调试	2-2 安装、调试传感器	2-2-1 能检测、安装调试及保养维护传感器	（1）检测热敏、湿敏传感器 （2）安装、调试热敏、湿敏传感器 （3）热敏、湿敏传感器维护保养 （4）检测光电传感器 （5）安装、调试光电传感器 （6）光电传感器维护保养 （7）检测气敏传感器 （8）安装、调试气敏传感器 （9）气敏传感器维护保养 （10）检测磁敏传感器 （11）安装、调试磁敏传感器 （12）磁敏传感器维护保养 （13）检测超声波传感器 （14）安装、调试超声波传感器 （15）超声波传感器维护保养
	2-3 安装调试执行器	2-3-1 能检测、安装调试及保养维护执行器	（1）检测断路器 （2）安装、调试断路器 （3）断路器保养维护 （4）检测继电器 （5）安装、调试继电器 （6）继电器保养维护 （7）检测电磁阀 （8）安装、调试电磁阀 （9）电磁阀保养维护 （10）检测电机 （11）安装、调试电机 （12）电机保养维护
3．软件安装与使用	3-1 使用串口调试工具软件	3-1-1 能安装串口调试工具软件	（1）获取串口调试工具软件 （2）安装串口调试工具软件
		3-1-2 能查询本机当前串口号	查询本机串口号
		3-1-3 能配置串口调试工具软件的参数	配置串口调试工具软件的参数
		3-1-4 能使用串口调试工具软件调试串口设备	（1）连接串口设备 （2）使用工具软件调试串口设备

续表

职业功能模块	培训内容	技能目标	培训细目
3.软件安装与使用	3-2 使用IP地址扫描工具软件	3-2-1 能安装网际协议地址（internet protocol address，简称IP地址）扫描工具软件	(1) 获取IP地址扫描工具软件 (2) 安装IP地址扫描工具软件
		3-2-2 能使用IP地址扫描工具软件扫描局域网内的IP地址	(1) 检查并确认本机网络状态 (2) 配置并运行IP地址扫描工具软件 (3) 扫描局域网内的IP地址
		3-2-3 能根据IP地址扫描工具软件的扫描结果定位目标主机	(1) 解读IP地址扫描工具软件的扫描结果 (2) 定位目标主机
		3-2-4 能根据IP地址扫描工具软件的扫描结果判断目标主机的网络连通状态	判断目标主机的网络连通状态
	3-3 使用蓝牙调试工具软件	3-3-1 能安装并配置蓝牙调试工具软件	(1) 获取蓝牙调试工具软件 (2) 安装蓝牙调试工具软件 (3) 配置蓝牙调试工具软件
		3-3-2 能使用蓝牙调试工具软件	(1) 跟踪传输的蓝牙数据包 (2) 分析蓝牙数据包
	3-4 使用ZigBee调试工具软件	3-4-1 能安装并配置ZigBee调试工具软件	(1) 获取ZigBee调试工具软件 (2) 安装ZigBee调试工具软件 (3) 配置ZigBee调试工具软件
		3-4-2 能使用ZigBee调试工具软件	(1) 使用ZigBee调试工具软件跟踪传输的ZigBee数据包 (2) 分析ZigBee数据包
4.物联网云平台使用	4-1 注册物联网云平台及认证账户	4-1-1 能注册物联网云平台	在线申请物联网云平台账户
		4-1-2 能认证物联网云平台账户	对账户进行个人认证和企业认证
	4-2 使用物联网云平台采集物联网设备数据及控制设备	4-2-1 能在物联网云平台上正确配置设备接入参数	(1) 创建NB-IoT类型的产品和设备 (2) 设置接入参数
		4-2-2 能在物联网云平台上获取上行数据	(1) 查看上行数据 (2) 分析上行数据的含义
		4-2-3 能在物联网云平台上发送下行控制指令	在云平台上组织正确的控制命令格式

2.1.4　三级/高级职业技能培训要求

职业功能模块	培训内容	技能目标	培训细目
1. 网络环境建立与管理	1-1　配置楼宇范围物联网网络环境	1-1-1　能配置楼宇范围（或相当规模）的RS485网络	(1) 安装楼宇范围的RS485网络设备 (2) 配置楼宇范围的RS485网络
		1-1-2　能完成楼宇范围（或相当规模）的LoRa无线通信网络覆盖	(1) 配置楼宇范围的LoRa网关 (2) LoRa终端接入网关
		1-1-3　能完成楼宇范围（或相当规模）的Wi-Fi无线通信网络覆盖	(1) 安装楼宇范围的Wi-Fi无线网络设备 (2) 配置楼宇范围的Wi-Fi无线通信网络
	1-2　接入移动互联网网络	1-2-1　能配置4G/5G网关接入移动网络	(1) 安装4G/5G网关 (2) 配置4G/5G网关
		1-2-2　能配置4G/5G物联网设备接入移动网	(1) 4G/5G物联网私有云平台配置 (2) 4G/5G物联网设备接入移动网络
2. 硬件设备安装与调试	2-1　安装、调试变送器	2-1-1　能检测变送器	(1) 检测电流输出型变送器 (2) 检测电压输出型变送器
		2-1-2　能安装、调试变送器	(1) 安装、调试电流输出型变送器 (2) 安装、调试电压输出型变送器
		2-1-3　能保养和维护变送器	(1) 保养和维护电流输出型变送器 (2) 保养和维护电压输出型变送器
	2-2　调试单片机应用系统	2-2-1　能检测单片机应用系统的功能单元	(1) 认识单片机GPIO引脚 (2) 认识单片机最小系统 (3) 检测单片机功能单元
		2-2-2　能更换故障芯片及外围板卡	(1) 判断故障 (2) 更换故障板卡
		2-2-3　能使用单片机进行输入、输出控制	(1) 制作跑马灯 (2) 制作简易数字钟
		2-2-4　能使用单片机进行数据采集和处理	(1) 进行中断控制 (2) 进行单片机双机通信

续表

职业功能模块	培训内容	技能目标	培训细目
3．软件安装与使用	3-1 使用网络协议分析软件	3-1-1 能安装并使用网络协议分析软件	（1）获取网络协议分析软件 （2）安装网络协议分析软件 （3）运行网络协议分析软件
		3-1-2 能基于网络协议分析软件抓取特定主机和端口的数据报文	（1）配置网络协议分析软件 （2）抓取特定主机和端口的数据报文
		3-1-3 能抓取数据报文并对抓取的数据报文进行解读	（1）导出抓取的数据报文 （2）分析和解读数据报文
	3-2 使用数据库管理软件	3-2-1 能安装并使用常用的数据库管理软件	（1）获取数据库管理软件 （2）安装数据库管理软件 （3）使用数据库管理软件
		3-2-2 能识别常用的数据文件类型和数据库文件类型，并能导入、打开数据库文件	（1）识别常用的数据文件类型和数据库文件类型 （2）导入并打开常用的数据库文件
		3-2-3 能利用SQL语句对数据库的数据进行查询操作	（1）对数据库进行管理 （2）对数据进行查询、删除、修改操作
4．物联网云平台使用	4-1 采集变送器数据到物联网云平台	4-1-1 能在物联网云平台中添加转换设备	（1）创建接入协议为Modbus的产品 （2）添加设备
		4-1-2 能配置转换设备参数	（1）创建数据流 （2）建立设备连接 （3）保持设备在线
		4-1-3 采集变送器数据到物联网云平台	（1）查看返回数据，并能进行基本操作 （2）分析返回数据的含义
	4-2 处理和使用云平台数据	4-2-1 能利用数据处理公式对数据进行初步处理	对数据进行初步处理
		4-2-2 能使用云平台的触发器功能	选择触发数据流，设置触发规则
		4-2-3 能实现时序数据的展示	数据的可视化展示

续表

职业功能模块	培训内容	技能目标	培训细目
5．智能物联网系统搭建与使用	5-1 调校智能视频和音频传感器	5-1-1 能调校单目、双目摄像机电、光参数	（1）调整摄像头亮度 （2）调整摄像头饱和度 （3）采用棋盘格标定摄像头内外参数
		5-1-2 能调整摄像机安装位置和角度	（1）安装摄像头 （2）调整摄像头俯仰角 （3）云台的控制
		5-1-3 能调校全向和定向拾音器电参数	（1）掌握拾音器的类型、特点、规格参数 （2）拾音器电参数调校
		5-1-4 能调整远场拾音器安装位置和角度	（1）安装拾音器 （2）调整拾音器方向
	5-2 搭建智能物联网应用	5-2-1 能进行物联网对象的数据标注	（1）采集语音、文字和图像对象的数据 （2）对数据进行分组和整理 （3）进行对象的数据标注
		5-2-2 能进行物联网应用模型训练	（1）选择训练部署方式 （2）启动模型训练
		5-2-3 能进行算法局部参数调优	（1）进行模型校验 （2）进行参数调整及验证
		5-2-4 能部署智能物联网应用	（1）在线 API 调用 （2）离线 SDK API 调用 （3）H5 发布应用 （4）智能物联网应用集成 （5）进行模型的迭代

2.1.5 二级/技师职业技能培训要求

职业功能模块	培训内容	技能目标	培训细目
1．网络环境建立与管理	1-1 搭建中型物联网应用网络环境	1-1-1 能安装中型（园区范围）物联网应用网络设备	（1）安装中型物联网网络防火墙 （2）安装中型物联网网络交换机
		1-1-2 能配置中型物联网应用网络环境	（1）配置中型物联网网络防火墙 （2）配置中型物联网网络交换机

续表

职业功能模块	培训内容	技能目标	培训细目
1．网络环境建立与管理	1-2 优化物联网网络参数	1-2-1 能分析物联网网络性能测试报告	(1) 分析物联网网络 IP 路由性能 (2) 分析物联网网络安全性能 (3) 分析物联网网络服务质量
		1-2-2 能根据物联网网络性能测试报告优化网络参数	(1) 优化物联网网络 IP 路由参数 (2) 优化物联网网络安全参数 (3) 优化物联网网络服务质量
2．硬件设备安装与调试	2-1 物联网终端集成	2-1-1 能根据应用需求编制物联网终端集成方案	编制物联网终端集成方案
		2-1-2 能以功能模块的方式集成物联网终端	(1) 系统功能扩展 (2) 功能模块集成
	2-2 排查物联网终端故障	2-2-1 能对物联网终端的故障现象进行分析	分析物联网终端故障
		2-2-2 能排除物联网终端故障	排除物联网终端故障
		2-2-3 能编写故障排除记录	编写故障排除记录
3．软件系统部署与维护	3-1 使用数据分析软件	3-1-1 能安装并使用数据分析软件	(1) 获取数据分析软件 (2) 安装数据分析软件 (3) 配置数据分析软件
		3-1-2 能使用数据分析软件获取数据	(1) 导入数据源或连接数据库 (2) 获取数据
		3-1-3 能使用数据分析软件进行数据处理和分析	(1) 数据处理 (2) 分析数据 (3) 生成常用的可视化图形
	3-2 部署物联网平台	3-2-1 能对物联网平台进行结构分析	(1) 分析物联网平台的拓扑结构 (2) 分析物联网平台的数据流程
		3-2-2 能根据物联网平台部署的要求选择服务器并配置服务器软件环境	(1) 服务器性能分析 (2) 安装服务器操作系统 (3) 配置服务器软件环境
		3-2-3 能安装并配置物联网平台	(1) 安装物联网平台 (2) 配置物联网平台
		3-2-4 能运行并使用物联网平台	(1) 运行物联网平台 (2) 验证物联网平台功能 (3) 验证物联网平台性能

续表

职业功能模块	培训内容	技能目标	培训细目
4. 物联网云平台使用	4-1 转换网络数据格式	4-1-1 能对进入物联网云平台的数据进行格式转换	(1) 创建TCP透传类产品 (2) 将TCP透传数据转换成JSON格式 (3) 建立TCP连接 (4) 查看上传数据
	4-2 深度处理和使用云平台数据	4-2-1 会使用云平台的规则引擎	(1) 会选择不同的数据源 (2) 编写SQL语句 (3) 自定义并处理JSON数据 (4) 转发消息
		4-2-2 能对不同来源的数据进行可视化展示	(1) 使用平台可视化工具 (2) 进行第三方平台数据的导入和可视化展示
5. 智能物联网系统搭建与使用	5-1 构建边缘物联网系统	5-1-1 能创建边缘物联网应用	(1) 搭建虚拟机 (2) 安装虚拟机管理工具 (3) 边缘物联网系统管理 (4) 搭建边缘物联网应用 (5) 管理边缘设备
		5-1-2 能部署容器	(1) 安装容器 (2) 编辑和调整容器参数
	5-2 边缘物联网系统联动设置	5-2-1 能设置物联网边缘网关联动规则	(1) 设置边缘网关协议 (2) 设置边缘网关传感器和执行器联动规则
		5-2-2 能协同配置云边消息	(1) 云边消息协议参数配置 (2) 协同云边消息
6. 管理与创新	6-1 实施管理	6-1-1 能组织有关人员协同作业	(1) 编制项目实施计划进度表 (2) 组织与管理多人协同作业
	6-2 质量管理	6-2-1 能在本职工作中观察各项质量标准	(1) 掌握物联网工程验收质量标准 (2) 进行物联网工程项目质量管理
		6-2-2 能应用质量管理知识实施操作过程中的质量分析	分析与控制物联网工程质量
		6-2-3 能根据质量管理和认证的要求编写相关文件和作业指导书	(1) 编制物联网工程质量控制文件 (2) 编制物联网工程项目作业指导书

续表

职业功能模块	培训内容	技能目标	培训细目
7．培训与指导	7-1 工作指导	7-1-1 能对三级高级工及以下技能等级人员进行安全、技术指导	物联网工程项目施工安全与技术要点指导
		7-1-2 能指导三级/高级工及以下技能等级人员在作业工程中应用新技术、新工艺、新器件、新设备	指导三级/高级工及以下技能等级人员应用新技术、新工艺、新器件、新设备
	7-2 技能培训	7-2-1 能撰写培训讲义	(1) 编制培训计划 (2) 编制培训讲义
		7-2-2 能对三级/高级工及以下技能等级人员进行技能培训	(1) 编制培训计划 (2) 对三级/高级工及以下技能等级人员进行技能培训

2.1.6 一级/高级技师职业技能培训要求

职业功能模块	培训内容	技能目标	培训细目
1．网络环境建立与管理	1-1 制定大型物联网应用网络系统施工方案	1-1-1 能根据项目网络方案制定大型（城域范围）物联网应用网络施工方案	(1) 根据项目网络方案制定施工技术方案 (2) 确定施工组织管理方案
	1-2 排除大型物联网网络故障	1-2-1 能判定物联网网络故障类型	(1) 判定物理类故障 (2) 判定逻辑类故障
		1-2-2 能排除物联网网络故障	(1) 排除物理类故障 (2) 排除逻辑类故障
2．硬件系统集成与维护	2-1 集成物联网硬件系统	2-1-1 能根据需求编制物联网硬件系统集成方案	编制物联网硬件系统集成方案
		2-1-2 能集成各个物联网硬件设备子系统	(1) 识读总线协议 (2) 接入硬件设备子系统
		2-1-3 能扩展物联网硬件系统的功能	扩展核心控制模块的功能
	2-2 维护物联网硬件系统	2-2-1 能排除物联网硬件系统的故障	(1) 排除电源故障 (2) 排除设备主机故障 (3) 排除线路故障
		2-2-2 能进行物联网硬件系统维护	(1) 维护电源 (2) 维护设备主机 (3) 维护线路

续表

职业功能模块	培训内容	技能目标	培训细目
3．软件系统部署与维护	3-1 部署物联网软件系统	3-1-1 能编写物联网软件系统部署说明文档	（1）安装说明文档的结构设计 （2）编写物联网软件系统部署说明文档
		3-1-2 能对物联网软件系统进行部署	（1）分析物联网软件系统性能要求 （2）部署物联网软件系统 （3）配置物联网软件系统
	3-2 维护物联网软件系统	3-2-1 能解读物联网应用程序日志	（1）获取操作系统和物联网应用程序运行日志 （2）解读物联网应用程序日志
		3-2-2 能诊断物联网软件系统运行中存在的问题	（1）分析物联网软件系统运行状态 （2）诊断物联网软件系统运行中存在的问题
		3-2-3 能排除物联网软件系统出现的故障和问题	（1）诊断物联网软件系统故障 （2）排除物联网软件系统故障
		3-2-4 能根据物联网项目需求优化物联网软件系统	（1）进行物联网项目需求分析 （2）进行物联网软件系统结构优化 （3）进行物联网软件系统参数优化
4．物联网云平台使用	4-1 复杂应用场景中的数据采集与传输	4-1-1 能同时采集超过10种类型的物联网设备数据至物联网云平台	（1）采集智能终端设备数据 （2）配置平台端的属性
		4-1-2 能采集不少于3种总线协议类型的设备数据至物联网云平台	（1）进行总线协议与MQTT协议的转换 （2）转换数据向云平台发送 （3）配置平台端的属性
	4-2 使用数据可视化工具	4-2-1 能使用平台的可视化工具实现基于地图的三维综合展示	使用平台的可视化工具实现基于地图的三维综合展示
5．智能物联网系统搭建与使用	5-1 构建智能物联网应用系统	5-1-1 能部署安全和加密应用	（1）检索物联网设备 （2）检测物联网设备信息 （3）扫描安全漏洞 （4）预防物理域攻击 （5）分析物联网安全案例
		5-1-2 能使用算力加速设备和工具提高应用系统性能	（1）安装GPU设备 （2）安装GPU驱动和软件工具 （3）使用算子和算法 （4）使用嵌入式加速设备

续表

职业功能模块	培训内容	技能目标	培训细目
5．智能物联网系统搭建与使用	5-2 构建5G物联网系统	5-2-1 能设计多传感器融合应用系统	(1) 设计多传感器融合系统 (2) 进行多传感器融合算法选型
		5-2-2 能利用5G网络连接海量物联网传感器	(1) 更改5G CPE APN (2) 选择5G组网模式 (3) 设置5G CPE 以太网 (4) 安装SIM卡和开通用户 (5) 开通多协议
		5-2-3 物联网应用时延测试及优化	(1) 测试5G运营商网速 (2) 进行5G CPE WLAN信号覆盖和网速测试 (3) 检测不同区域SIM卡信号质量 (4) 安装5G CPE室外天线
6．管理与创新	6-1 实施管理	6-1-1 能根据计划提出调度及人员管理方案	工程项目管理的生产要素及进度管理
	6-2 项目成本核算	6-2-1 能正确核算施工过程中发生的各项费用	管理与控制工程项目成本
		6-2-2 能计算工程项目的实际成本	核算与分析工程项目成本
7．培训与指导	7-1 工作指导	7-1-1 能对二级/技师及以下技能等级人员进行安全、技术指导	进行物联网工程项目施工安全与技术指导
		7-1-2 能指导二级/技师及以下技能等级人员处理疑难故障	指导技师及以下技能等级人员进行物联网工程疑难故障排查与处理
	7-2 技能培训	7-2-1 能对二级/技师及以下技能等级人员进行技能培训	(1) 编写培训与考核文件 (2) 使用信息化教学手段与方法
		7-2-2 能对新技术、新工艺、新设备的应用进行系统化培训	系统化培训组织与管理

2.2 课程规范

2.2.1 职业基本素质培训课程规范

模块	课程	学习单元	课程内容	培训建议	课堂学时
1. 职业认知与职业道德	1-1 职业认知	（1）物联网系统概述	1）物联网的起源及发展 2）物联网的定义 3）物联网架构	（1）方法：讲授法、案例教学法 （2）重点：物联网架构	1
		（2）物联网安装调试员职业认知	1）物联网安装调试的定义 2）物联网安装调试的要求 3）物联网安装调试员的工作职责 4）物联网安装调试员的工作内容	（1）方法：讲授法、讨论法 （2）重点：物联网安装调试员的工作内容	1
	1-2 职业道德	物联网安装调试员职业道德	1）公民道德规范标准 2）职业道德规范 3）物联网安装调试员职业道德规范 4）工匠精神 5）6S可视化管理	（1）方法：讲授法、讨论法、案例教学法 （2）重点：物联网安装调试员的职业道德规范	2
	1-3 职业守则	物联网安装调试员职业守则	1）认真严谨，忠于职守 2）勤奋好学，活学活用 3）钻研业务，勇于创新 4）爱岗敬业，遵纪守法	（1）方法：讲授法、讨论法 （2）重点：物联网安装调试员的职业守则	1
2. 基础知识	2-1 计算机基础	（1）计算机硬件知识	1）计算机硬件组成及功能 2）计算机的硬件连接	（1）方法：讲授法、演示法 （2）重点与难点：计算机的硬件连接	1

续表

模块	课程	学习单元	课程内容	培训建议	课堂学时
2．基础知识	2-1 计算机基础	（2）计算机操作系统知识	1）计算机操作系统发展简介 2）Windows 操作系统介绍 3）Linux 操作系统介绍 4）国产自主操作系统介绍	（1）方法：讲授法、演示法 （2）重点：Windows 操作系统 （3）难点：国产自主操作系统	2
		（3）计算机应用软件知识	1）计算机软件发展简介 2）计算机软件特点 3）计算机应用软件介绍	（1）方法：讲授法、演示法 （2）重点：计算机软件的分类	1
		（4）计算机通信网络知识	1）计算机通信网络发展历史 2）计算机网络基础 3）TCP/IP 体系结构	（1）方法：讲授法、演示法 （2）重点与难点：TCP/IP 体系结构	3
		（5）数据库知识	1）数据库基础知识 2）数据库基本操作	（1）方法：讲授法、演示法 （2）重点：数据库基本操作	1
		（6）计算机安全知识	1）计算机常见安全问题 2）计算机安全的特点 3）计算机安全防范	（1）方法：讲授法、案例教学法 （2）重点与难点：计算机安全防范	2
	2-2 电工电子基础（建议增加课时）	（1）电工基础知识	1）电路基本概念 2）常用电工仪表 3）安全用电常识	（1）方法：讲授法、演示法、案例教学法 （2）重点：安全用电	4
		（2）电气控制基础知识	1）常用低压电器 2）电气控制基本原理 3）电气事故及紧急处理常识	（1）方法：讲授法、案例教学法 （2）重点与难点：电气控制基本原理	4
		（3）供配电基础知识	1）供配电系统的主要电气设备 2）供配电基本原理	（1）方法：讲授法、演示法 （2）重点：供配电系统的主要电气设备	2

续表

模块	课程	学习单元	课程内容	培训建议	课堂学时
2. 基础知识	2-2 电工电子基础（建议增加课时）	（4）电子技术基础知识	1）电子技术概述 2）常用电子元器件 3）基本电子电路	（1）方法：讲授法、演示法 （2）重点与难点：基本电子电路	4
	2-3 物联网系统基础知识	（1）物联网感知基本知识	1）RFID 和 NFC 技术 2）二维码技术 3）传感器技术	（1）方法：演示法、案例教学法 （2）重点：RFID 和 NFC 适用场景	6
		（2）物联网网络和通信	1）串行通信技术 2）蓝牙、ZigBee 无线传感器网络技术 3）LoRa、NB-IoT 低功耗广域网络技术 4）移动通信技术	（1）方法：讲授法、演示法 （2）重点：串行通信技术	6
		（3）物联网数据处理基本知识	1）物联网数据采集预处理技术 2）物联网软件系统的结构 3）物联网云平台特点及分类 4）物联网云平台体验	（1）方法：讲授法、演示法 （2）重点：物联网数据采集预处理技术	4
		（4）物联网控制技术	1）物联网控制基本概念 2）物联网控制技术及特点 3）物联网控制常用方法	（1）方法：讲授法、演示法 （2）重点：物联网控制常用方法	2
		（5）物联网安全技术	1）物联网网络安全 2）物联网信息安全 3）物联网设备安全 4）物联网系统安全	（1）方法：讲授法、案例教学法 （2）重点：物联网设备安全 （3）难点：物联网系统安全	4
	2-4 物联网应用场景	（1）物联网技术应用场景	1）物联网技术应用范畴 2）物联网体系结构	（1）方法：讲授法、案例教学法 （2）重点：物联网体系结构	1

续表

模块	课程	学习单元	课程内容	培训建议	课堂学时
2. 基础知识	2-4 物联网应用场景	（2）物联网智能家居应用场景	1）智能家居的系统构成 2）智能家居的结构特点 3）智能家居的典型功能	（1）方法：讲授法、演示法、案例教学法 （2）重点：智能家居的结构特点	2
		（3）物联网智能楼宇应用场景	1）智能楼宇的系统构成 2）智能楼宇的结构特点 3）智能楼宇的典型功能	（1）方法：讲授法、案例教学法 （2）重点：智能楼宇的结构特点	2
		（4）物联网智能物流应用场景	1）智能物流的系统构成 2）智能物流的结构特点 3）智能物流的典型功能	（1）方法：讲授法、演示法、案例教学法 （2）重点：智能物流的结构特点	1
		（5）物联网智能交通应用场景	1）智能交通的系统构成 2）智能交通的结构特点 3）智能交通的典型功能 4）车联网的系统结构 5）车联网的技术特点	（1）方法：讲授法、演示法、案例教学法 （2）重点：智能交通的结构特点 （3）难点：车联网的系统结构	2
		（6）物联网智慧养老应用场景	1）智慧养老的系统构成 2）智慧养老的结构特点 3）智慧养老的典型功能	（1）方法：讲授法、演示法、案例教学法 （2）重点：智慧养老的结构特点	1
		（7）物联网智慧社区应用场景	1）智慧社区的系统构成 2）智慧社区的结构特点 3）智慧社区的典型功能	（1）方法：讲授法、演示法、案例教学法 （2）重点：智慧社区的结构特点	1
		（8）物联网智慧园区应用场景	1）智慧园区的系统构成 2）智慧园区的结构特点 3）智慧园区的典型功能	（1）方法：讲授法、演示法、案例教学法 （2）重点：智慧园区的结构特点	1

续表

模块	课程	学习单元	课程内容	培训建议	课堂学时
2.基础知识	2-4 物联网应用场景	(9)物联网智慧农业应用场景	1)智慧农业的系统构成 2)智慧农业的结构特点 3)智慧农业的典型功能	(1)方法：讲授法、演示法、案例教学法 (2)重点：智慧农业的结构特点	1
		(10)物联网智慧工厂应用场景	1)智慧工厂的系统构成 2)智慧工厂的结构特点 3)智慧工厂的典型功能	(1)方法：讲授法、演示法、案例教学法 (2)重点：智慧工厂的结构特点	1
	2-5 安全生产与环境保护	安全生产与环境保护知识	1)防火安全相关知识 2)安全用电相关知识 3)现场作业安全管理知识 4)安全生产操作规范 5)现场急救知识 6)环境保护相关知识	(1)方法：讲授法、讨论法、演示法 (2)重点：安全生产操作规范 (3)难点：现场急救知识	4
	2-6 相关法律、法规	相关法律、法规知识	1)《中华人民共和国劳动法》相关知识 2)《中华人民共和国劳动合同法》相关知识 3)《中华人民共和国网络安全法》相关知识 4)《中华人民共和国知识产权法》相关知识 5)《计算机软件保护条例》相关知识 6)《中华人民共和国计算机信息网络国际联网管理暂行规定实施办法》相关知识	(1)方法：讲授法 (2)重点：对《中华人民共和国网络安全法》的理解与掌握	2
课堂学时合计					70

2.2.2 五级/初级职业技能培训课程规范

模块	课程	学习单元	课程内容	培训建议	课堂学时
1. 网络环境建立与管理	1-1 识读物联网网络施工图	(1) 识读物联网网络施工图	1) 物联网网络环境组成 2) 识读物联网网络施工图图例 3) 识读物联网网络施工图	(1) 方法：讲授法、任务驱动法 (2) 重点与难点：识读物联网网络施工图	2
		(2) 识读网络设备对应的网络施工图	1) 物联网网络设备分类和功能 2) 识读物联网网络设备图例	(1) 方法：讲授法、任务驱动法 (2) 重点与难点：识读物联网网络设备图例	2
		(3) 定位物联网网络设备安装位置	1) 物联网网络布线规范 2) 物联网网络设备安装规范 3) 在网络施工图中标注网络设备安装位置	(1) 方法：讲授法、案例教学法 (2) 重点与难点：标注网络设备安装位置	2
	1-2 制作网络跳线	(1) 选用合适的网线类型	1) 网线分类与特点 2) 双绞线网线选择 3) 光纤网线选择 4) 同轴电缆网线选择	(1) 方法：讲授法、任务驱动法 (2) 重点：双绞线网线选择 (3) 难点：光纤网线选择	2
		(2) 制作网络跳线	1) 网络跳线制作工具使用方法 2) 制作同轴电缆网络跳线 3) 制作双绞线网络跳线 4) 制作光纤网络跳线	(1) 方法：讲授法、演示法 (2) 重点：制作双绞线网络跳线 (3) 难点：制作光纤网络跳线	4
		(3) 测试网络跳线	1) 网络测线仪的使用 2) 测试同轴电缆网络跳线 3) 测试双绞线网络跳线 4) 测试光纤网络跳线	(1) 方法：讲授法、演示法、实训法 (2) 重点：双绞线跳线测试方法 (3) 难点：光纤跳线测试方法	4

续表

模块	课程	学习单元	课程内容	培训建议	课堂学时
1. 网络环境建立与管理	1-3 安装调试路由器	（1）选用路由器	1）路由器的分类及工作原理 2）有线、无线网络路由器的特点 3）路由器的选用	（1）方法：讲授法、实训法 （2）重点与难点：网络路由器的选用	2
		（2）安装、配置有线网络路由器	1）有线网络路由器安装、配置方法 2）有线网络路由器的安装 3）有线网络路由器的参数配置 4）有线网络路由器的调试	（1）方法：讲授法、演示法、实训法 （2）重点与难点：有线网络路由器的配置	2
		（3）安装、配置无线网络路由器	1）无线网络路由器安装、配置方法 2）安装无线网络路由器 3）无线网络路由器的参数配置 4）无线网络路由器的调试	（1）方法：讲授法、演示法、实训法 （2）重点与难点：配置无线网络路由器	2
		（4）搭建物联网应用单元网络环境	1）物联网应用单元网络组成 2）路由器有线、无线连接方法 3）建立路由器有线、无线连接 4）建立单个物联网终端无线连接	（1）方法：讲授法、项目教学法 （2）重点与难点：建立网络路由器无线连接	4
2. 硬件设备安装与调试	2-1 识读电气图	（1）识读电气原理图	1）电气原理图的概念 2）常用电气图形符号和文字符号 3）电气原理图的绘制原则 4）识读电气原理图	（1）方法：讲授法、演示法、任务驱动法 （2）重点：常用电气图形符号和文字符号 （3）难点：识读电气原理图	4

续表

模块	课程	学习单元	课程内容	培训建议	课堂学时
2. 硬件设备安装与调试	2-1 识读电气图	(2) 识读电气元件布置图	1) 电气元件布置图概念 2) 电气元件布置图绘制原则 3) 识读电气元件布置图 4) 识别电器	(1) 方法：讲授法、案例法 (2) 重点与难点：电气元件布置图绘制原则	2
		(3) 识读电气安装接线图	1) 电气安装接线识图常识 ①符号表示 ②线缆及安装标注 2) 接线图绘制原则 3) 识读电气安装接线图	(1) 方法：讲授法、任务驱动法 (2) 重点与难点：识读电气安装接线图	2
		(4) 识读电路原理图	1) 电路原理图的概念 2) 常用电子元器件图形符号和文字符号 3) 电路原理图绘制原则 4) 识读电路原理图 5) 识读PCB图	(1) 方法：讲授法、实训法 (2) 重点：电路原理图的识读 (3) 难点：电路原理图绘制原则	4
	2-2 使用常用电工电子工具和仪表	(1) 电工刀和钳类工具的使用	1) 电工刀的使用 2) 钢丝钳的使用 3) 偏口钳的使用 4) 尖嘴钳的使用 5) 剥削电线	(1) 方法：讲授法、演示法、实训法 (2) 重点与难点：使用钳类工具剥削电线	4
		(2) 焊接工具的使用	1) 电烙铁的使用 2) 焊锡丝的使用 3) 松香的使用 4) 吸锡器的使用 5) 焊接电路	(1) 方法：讲授法、演示法、实训法 (2) 重点：验电笔的使用 (3) 难点：电路焊接	4
		(3) 常用测量仪表的使用	1) 低压验电器的使用 2) 万用表的使用 3) 兆欧表的使用 4) 示波器的使用	(1) 方法：讲授法、演示法、实训法 (2) 重点：使用万用表测电参数 (3) 难点：使用万用表测量三极管	8

续表

模块	课程	学习单元	课程内容	培训建议	课堂学时
2. 硬件设备安装与调试	2-3 使用物联网标识	（1）物联网标识及其选型	1）物联网标识的定义和作用 2）物联网标识的类型 3）物联网标识的选型	（1）方法：讲授法、讨论法 （2）重点与难点：物联网标识的类型	2
		（2）制作二维码	1）二维码概述 2）二维码的制作	（1）方法：讲授法、演示法、任务驱动法 （2）重点：二维码的制作	2
		（3）RFID标签的使用	1）RFID标签的定义和分类 2）RFID标签的应用 3）物联网标识中信息的读写方法 4）RFID标签信息的读写操作	（1）方法：讲授法、讨论法、实训法 （2）重点与难点：RFID标签信息的读写	4
	2-4 安装、调试物联网基础功能模块	（1）安装位置选择	1）烟雾感知模块的安装位置要求 2）光照度感知模块的安装位置要求 3）感知模块安装位置的选择	（1）方法：讲授法、讨论法 （2）重点与难点：安装位置的要求	1
		（2）安装、调试感知模块	1）感知模块概述 2）安装、调试烟雾感知模块 3）安装、调试光照度感知模块	（1）方法：讲授法、演示法、实训法 （2）重点与难点：感知模块的安装、调试	6
		（3）安装、调试本地控制模块	1）本地控制模块的定义和功能 2）本地控制模块的安装 3）本地控制模块的配置	（1）方法：讲授法、演示法、实训法 （2）重点与难点：本地控制模块的安装与配置	5
		（4）安装、调试执行模块	1）执行模块概述 2）安装、调试声光报警器 3）安装、调试照明装置	（1）方法：讲授法、演示法、实训法 （2）重点与难点：执行模块的安装、调试	4

续表

模块	课程	学习单元	课程内容	培训建议	课堂学时
3．软件安装与使用	3-1 安装物联网应用软件	（1）不同操作系统下的物联网应用软件	1）物联网应用软件的分类、特点 2）Windows 操作系统下的物联网应用软件 3）Linux 操作系统下的物联网应用软件 4）国产操作系统下的物联网应用软件 5）移动终端操作系统下的物联网应用软件	（1）方法：讲授法、演示法 （2）重点：国产操作系统下的物联网应用软件	4
		（2）下载并安装计算机端物联网应用软件	1）使用浏览器下载应用软件 2）通过 U 盘或光盘获取物联网应用软件安装程序 3）应用软件的安装	（1）方法：讲授法、实训法 （2）重点：安装物联网应用软件	2
		（3）下载并安装移动端物联网应用软件	1）下载移动端物联网应用软件 App 2）安装移动端物联网应用软件 App 3）加载微信小程序	（1）方法：演示法、实训法 （2）重点：安装移动端物联网应用软件 App	2
	3-2 使用物联网应用软件	（1）物联网应用软件的配置及使用	1）识读物联网应用软件说明书 2）根据软件说明书配置物联网应用软件 3）使用物联网应用软件	（1）方法：演示法、任务驱动法、实训法 （2）重点：识读物联网应用软件说明书 （3）重点：根据软件说明书配置物联网应用软件	3
		（2）物联网应用软件的维护	1）检查物联网应用软件的版本 2）更新物联网应用软件 3）卸载物联网应用软件	（1）方法：演示法、实训法 （2）重点：更新物联网应用软件	1
课堂学时合计					90

2.2.3 四级/中级职业技能培训课程规范

模块	课程	学习单元	课程内容	培训建议	课堂学时
1. 网络环境建立与管理	1-1 配置物联网常用短距离通信网络	（1）配置紫蜂（ZigBee）网络	1）ZigBee网络工作原理 2）ZigBee网络组网技术 3）ZigBee网络配置方法 4）配置ZigBee网络 ①配置本地串口 ②配置ZigBee协调器 ③配置ZigBee路由器 ④配置ZigBee终端	（1）方法：讲授法、演示法、实训法 （2）重点：配置ZigBee路由器	4
		（2）配置蓝牙网络	1）蓝牙网络工作原理 2）蓝牙网络组网技术 3）蓝牙网络配置方法 4）配置对等蓝牙网络 5）配置主从蓝牙网络	（1）方法：讲授法、任务驱动法 （2）重点：配置主从蓝牙网络	2
		（3）配置Wi-Fi网络	1）Wi-Fi网络工作原理 2）Wi-Fi网络组网技术 3）Wi-Fi网络配置方法 4）配置无线路由器Wi-Fi网络 5）配置物联网终端Wi-Fi连接	（1）方法：讲授法、任务驱动法 （2）重点：配置无线路由器Wi-Fi网络	2
	1-2 配置物联网常用远距离无线通信网络	（1）配置远距离无线电（LoRa）通信网络	1）LoRa无线网络组成 2）LoRa无线网络配置方法 3）配置物联网终端LoRa网络连接	（1）方法：讲授法、实训法 （2）重点与难点：LoRa无线网络配置	4
		（2）配置窄带物联网（NB-IoT）无线通信网络	1）NB-IoT无线网络组成 2）配置NB-IoT无线网关 3）配置NB-IoT无线网络终端	（1）方法：讲授法、实训法 （2）重点与难点：NB-IoT无线网络配置	4

续表

模块	课程	学习单元	课程内容	培训建议	课堂学时
1. 网络环境建立与管理	1-3 安装、配置物联网网关设备	(1) 选用物联网网关设备	1) 物联网网关的工作原理及分类 2) 有线、无线物联网网关的特点 3) 物联网网关选用	(1) 方法：讲授法、案例教学法 (2) 重点与难点：物联网网关选用	2
		(2) 安装、配置有线物联网网关	1) 有线物联网网关参数 2) 有线物联网网关安装及配置方法 3) 安装有线物联网网关 4) 配置有线物联网网关	(1) 方法：讲授法、演示法、实训法 (2) 重点与难点：配置有线物联网网关	5
		(3) 安装配置无线物联网网关	1) 无线物联网网关参数 2) 无线物联网网关安装配置方法 3) 安装无线物联网网关 4) 配置无线物联网网关	(1) 方法：讲授法、演示法、实训法 (2) 重点与难点：配置无线物联网网关	5
		(4) 利用物联网网关搭建物联网应用场景	1) 常用物联网信息采集方法 2) 开关量连接到物联网网关 3) 模拟量连接到物联网网关 4) RS485 信号连接到物联网网关 5) RS422 信号连接到物联网网关 6) RS232 信号连接到物联网网关	(1) 方法：讲授法、案例教学法、项目教学法 (2) 重点：RS485 信号连接到物联网网关 (3) 难点：RS422 信号连接到物联网网关	6
	1-4 测试物联网网络性能	(1) 安装、使用物联网网络软件、硬件测试工具	1) 安装物联网网络软件、硬件测试工具 2) 物联网网络软件、硬件测试工具的使用方法 3) 物联网网络测试工具的使用	(1) 方法：讲授法、案例教学法 (2) 重点与难点：物联网网络软件测试工具的使用方法	4

续表

模块	课程	学习单元	课程内容	培训建议	课堂学时
1. 网络环境建立与管理	1-4 测试物联网网络性能	(2) 测试物联网网络性能	1) 物联网网络性能 2) 测试物联网网络各项性能 ①测试网络连通性 ②测试网络响应时间 ③测试网络吞吐量 ④测试网络带宽	(1) 方法：讲授法、实训法 (2) 重点：测试物联网网络响应时间	2
		(3) 撰写物联网网络性能测试报告	1) 测试报告撰写原则 2) 测试报告撰写规范 3) 撰写测试报告	(1) 方法：讲授法、案例教学法 (2) 重点与难点：撰写测试报告	2
2. 硬件设备安装与调试	2-1 选择物联网终端	(1) 施工环境勘测	1) 施工环境勘测图绘制方法 2) 绘制安装点位图 3) 绘制布线施工图	(1) 方法：讲授法、演示法、实训法 (2) 重点与难点：绘制施工环境勘测图	4
		(2) 选择物联网终端	1) 物联网终端的概念、结构及功能 2) 根据工作场景选择相应的传感器 3) 根据工作场景选择相应的执行器	(1) 方法：讲授法、讨论法 (2) 重点与难点：选用传感器	4
	2-2 安装调试传感器	(1) 热敏、湿敏传感器的安装与调试	1) 热敏、湿敏传感器的工作原理 2) 热敏、湿敏传感器的检测 3) 热敏、湿敏传感器的安装、调试 4) 热敏、湿敏传感器的维护保养	(1) 方法：讲授法、演示法、实训法 (2) 重点与难点：热敏、湿敏传感器的安装、调试	6
		(2) 光电传感器的安装与调试	1) 光电传感器概述 2) 光电传感器的安装、调试 3) 光电传感器的维护保养	(1) 方法：讲授法、演示法、实训法 (2) 重点与难点：光电传感器的安装、调试	4

续表

模块	课程	学习单元	课程内容	培训建议	课堂学时
2．硬件设备安装与调试	2-2 安装调试传感器	（3）气敏传感器的安装与调试	1）气敏传感器概述	（1）方法：讲授法、演示法、实训法 （2）重点与难点：气敏传感器的检测、安装与调试	4
			2）气敏传感器的安装、调试		
			3）气敏传感器的维护保养		
		（4）磁敏传感器的安装与调试	1）磁敏传感器概述	（1）方法：讲授法、演示法、实训法 （2）重点与难点：磁敏传感器的安装、调试	2
			2）磁敏传感器的安装、调试		
			3）磁敏传感器的维护保养		
		（5）超声波传感器的安装与调试	1）超声波传感器概述	（1）方法：讲授法、演示法、实训法 （2）重点与难点：超声波传感器的安装、调试	2
			2）超声波传感器的安装、调试		
			3）超声波传感器的维护保养		
	2-3 安装调试执行器	（1）断路器的安装与调试	1）断路器的安装、调试	（1）方法：讲授法、演示法、实训法 （2）重点与难点：断路器的安装、调试	4
			2）断路器的保养维护		
		（2）继电器的安装与调试	1）继电器的安装、调试	（1）方法：讲授法、演示法、实训法 （2）重点与难点：继电器的安装、调试	2
			2）继电器的保养维护		
		（3）电磁阀的安装与调试	1）电磁阀的结构和工作原理	（1）方法：讲授法、演示法、实训法 （2）重点与难点：电磁阀的安装、调试	2
			2）电磁阀的安装、调试		
			3）电磁阀的保养维护		
		（4）电机的安装与调试	1）电机的结构和工作原理	（1）方法：讲授法、演示法、任务驱动法 （2）重点与难点：电机的安装、调试	4
			2）电机的安装、调试		
			3）电机的保养维护		

续表

模块	课程	学习单元	课程内容	培训建议	课堂学时
3. 软件安装与使用	3-1 使用串口调试工具软件	(1) 安装串口调试工具软件	1) ASCII码、二进制、十六进制及中文汉字编码基本知识 2) 串口调试工具软件简介 3) 获取与安装串口调试工具软件	(1) 方法：讲授法、演示法 (2) 重点：安装串口调试工具软件 (3) 难点：ASCII码、二进制、十六进制及中文汉字编码基本知识	2
		(2) 配置和使用串口调试工具软件	1) 串口调试工具软件的特点 2) 查询本机串口和USB端口号 3) 配置串口调试工具软件参数 4) 使用串口调试工具软件调试串口设备	(1) 方法：演示法、任务驱动法 (2) 重点：使用串口调试工具软件调试串口设备	2
	3-2 使用IP地址扫描工具软件	(1) 安装IP地址扫描工具软件	1) IP地址扫描工具软件基本知识 2) IP地址扫描工具软件的特点 3) 获取IP地址扫描工具软件 4) IP地址扫描工具软件的安装	(1) 方法：讲授法、任务驱动法 (2) 重点：IP地址扫描工具软件的安装	2
		(2) 定位目标主机	1) Ping指令的基本知识 2) 逻辑地址和物理地址的映射关系 3) IP地址扫描工具软件的使用 4) 解读扫描结果并定位目标主机	(1) 方法：讲授法、演示法、任务驱动法 (2) 重点：扫描局域网内的IP地址 (3) 难点：逻辑地址和物理地址的映射关系	2
		(3) 判断目标主机的网络连通状态	1) 网络连通状态的分类 2) 判断目标主机的网络连通状态	(1) 方法：讲授法、演示法 (2) 重点：判断目标主机的网络连通状态	1

续表

模块	课程	学习单元	课程内容	培训建议	课堂学时
3.软件安装与使用	3-3 使用蓝牙调试工具软件	（1）安装及配置蓝牙调试工具软件	1）蓝牙调试工具软件基本知识 2）获取蓝牙调试工具软件 3）安装蓝牙调试工具软件 4）配置并运行蓝牙调试工具软件	（1）方法：讲授法、演示法、实训法 （2）重点：配置并运行蓝牙调试工具软件	1
		（2）使用工具软件跟踪传输的蓝牙数据包	1）蓝牙通信基本知识 2）蓝牙数据包的基本格式 3）使用蓝牙调试工具软件抓取蓝牙数据包 4）蓝牙数据包的分析	（1）方法：演示法、任务驱动法 （2）重点与难点：蓝牙数据包的分析	2
	3-4 使用ZigBee调试工具软件	（1）安装并配置ZigBee调试工具软件	1）ZigBee调试工具软件基本知识 2）ZigBee调试工具软件的特点 3）获取ZigBee调试工具软件 4）安装ZigBee调试工具软件 5）配置并运行ZigBee调试工具软件	（1）方法：演示法、实训法 （2）重点与难点：ZigBee调试工具软件的配置	1
		（2）使用工具软件跟踪传输的ZigBee数据包	1）ZigBee通信基本知识 2）ZigBee数据包的基本格式 3）使用ZigBee调试工具软件跟踪传输的ZigBee数据包 4）ZigBee数据包的分析	（1）方法：讲授法、案例教学法 （2）重点与难点：ZigBee数据包的分析	2

模块	课程	学习单元	课程内容	培训建议	课堂学时
4. 物联网云平台使用	4-1 注册物联网云平台及认证账户	物联网云平台的注册及账户认证	1）物联网云平台的概念 2）认识主流物联网云平台 3）在线申请物联网云平台账户 4）对账户进行个人认证和企业认证	（1）方法：讲授法、演示法 （2）重点：对个人账户和企业账户进行认证	1
	4-2 使用物联网云平台采集物联网设备数据及控制设备	物联网设备的接入与控制	1）网络传输协议基本知识 2）应用层协议（如CoAP、LwM2M、MQTT等）基本知识 3）数据格式基本知识 4）NB-IoT设备的接入与控制 5）网关设备的接入与控制	（1）方法：讲授法、演示法 （2）重点：数据格式的理解	4
课堂学时合计					100

2.2.4 三级／高级职业技能培训课程规范

模块	课程	学习单元	课程内容	培训建议	课堂学时
1. 网络环境建立与管理	1-1 配置楼宇范围物联网网络环境	（1）配置楼宇范围的RS485网络	1）楼宇范围的RS485网络组成 2）楼宇范围RS485网络设备的安装 3）配置楼宇范围的RS485网络	（1）方法：讲授法、演示法、项目教学法 （2）重点与难点：配置楼宇范围的RS485网络	6
		（2）实现楼宇范围的LoRa无线通信网络覆盖	1）楼宇范围的LoRa通信网络组成 2）配置楼宇范围的LoRa网关 3）LoRa终端接入网关	（1）方法：讲授法、演示法、任务驱动法 （2）重点与难点：配置楼宇范围的LoRa网关	6

续表

模块	课程	学习单元	课程内容	培训建议	课堂学时
1. 网络环境建立与管理	1-1 配置楼宇范围物联网网络环境	（3）实现楼宇范围的Wi-Fi无线网络覆盖	1）楼宇范围的Wi-Fi无线网络组成 2）安装、配置楼宇核心交换机 3）安装、配置POE交换机 4）安装、配置无线AP	（1）方法：讲授法、演示法、实训法 （2）重点：安装、配置POE交换机 （3）难点：安装、配置楼宇核心交换机	6
	1-2 接入移动互联网网络	（1）配置4G/5G网关	1）4G/5G网关接口常见类型 2）安装4G/5G网关 3）配置4G/5G网关	（1）方法：讲授法、演示法、实训法 （2）重点与难点：配置4G/5G网关	4
		（2）4G/5G物联网设备接入移动网络	1）4G/5G物联网云平台配置 2）4G/5G物联网设备接入方法 3）4G/5G物联网设备接入	（1）方法：讲授法、演示法、实训法 （2）重点与难点：4G/5G物联网云平台配置方法	4
2. 硬件设备安装与调试	2-1 安装、调试变送器	（1）检测变送器	1）变送器的分类及工作原理 2）电流输出型变送器和电压输出型变送器的检测方法 3）传感器的信号转换 4）电流输出型变送器检测 5）电压输出型变送器检测	（1）方法：讲授法、演示法、任务驱动法 （2）重点与难点：检测电流输出型变送器和电压输出型变送器	2
		（2）安装、调试变送器	1）电流输出型变送器和电压输出型变送器的安装、调试方法 2）安装、调试电压输出型变送器 3）安装、调试电流输出型变送器	（1）方法：讲授法、演示法、实训法 （2）重点与难点：调试变送器	6

续表

模块	课程	学习单元	课程内容	培训建议	课堂学时
2. 硬件设备安装与调试	2-1 安装、调试变送器	(3) 保养和维护变送器	1) 变送器的保养和维护方法 2) 保养、维护与调试电压输出型变送器 3) 保养、维护与调试电流输出型变送器	(1) 方法：讲授法、演示法、实训法 (2) 重点与难点：保养变送器	4
	2-2 调试单片机应用系统	(1) 单片机的检测	1) 单片机的定义 2) 单片机的结构 3) 单片机的引脚 4) 单片机最小系统 5) 检测单片机功能单元	(1) 方法：讲授法、演示法、实训法 (2) 重点与难点：单片机最小系统	3
		(2) 单片机板卡更换	1) 判断单片机故障 2) 检测与更换电路板卡	(1) 方法：讲授法、演示法、实训法 (2) 重点与难点：判断单片机故障	1
		(3) 单片机I/O控制应用	1) 程序基本概念 2) 仿真软件的使用 3) 单片机I/O口编程 4) 制作跑马灯 5) 制作简易数字钟	(1) 方法：讲授法、演示法、任务驱动法 (2) 重点与难点：单片机I/O口与程序控制基本指令	10
		(4) 单片机数据采集与处理	1) 串口输入与输出控制 2) 中断控制 3) 单片机双机通信	(1) 方法：讲授法、演示法、任务驱动法 (2) 重点与难点：中断与串口通信	6
3. 软件安装与使用	3-1 使用网络协议分析软件	(1) 安装并使用网络协议分析软件	1) 网络协议分析基本知识 2) 获取网络协议分析软件 3) 安装网络协议分析软件 4) 运行网络协议分析软件	(1) 方法：项目教学法、演示法、任务驱动法 (2) 重点：运行网络协议分析软件	2

续表

模块	课程	学习单元	课程内容	培训建议	课堂学时
3. 软件安装与使用	3-1 使用网络协议分析软件	(2) 分析主机和端口的数据	1) 配置网络协议分析软件 2) 抓取特定主机和端口的数据报文 3) 导出抓取的数据报文 4) 分析和解读数据报文	(1) 方法：演示法、讲授法、讨论法 (2) 重点：分析和解读数据报文	3
	3-2 使用数据库管理软件	(1) 安装与使用常用的数据库管理软件	1) 数据库管理软件 2) 获取数据库管理软件 3) 安装数据库管理软件 4) 使用数据库管理软件	(1) 方法：讲授法、演示法 (2) 重点：使用数据库管理软件	2
		(2) 导入数据文件	1) 常用的数据文件及数据库文件类型 2) 导入并打开常用的数据库文件	(1) 方法：讲授法、演示法 (2) 重点：导入并打开常用的数据库文件	2
		(3) 对数据进行查询、删除、修改操作	1) SQL 语句基本知识 2) 操作数据库文件 3) 基于 SQL 语句的数据查询、删除、修改操作	(1) 方法：讲授法、演示法 (2) 重点与难点：基于 SQL 语句的数据查询、删除、修改操作	3
4. 物联网云平台使用	4-1 采集变送器数据到物联网云平台	采集变送器数据	1) Modbus TCP 现场总线协议 2) Modbus 协议产品的创建及设备的添加 3) 数据流的创建 4) 设备连接的建立与保持 5) 返回数据的查看与分析	(1) 方法：讲授法、演示法 (2) 重点与难点：Modbus TCP 现场总线协议	4
	4-2 处理和使用云平台数据	云平台数据的处理和使用	1) 通过数据处理公式对数据进行初步处理 2) 触发器的含义 3) 触发规则的设置 4) 使用平台的可视化工具对数据进行展示	(1) 方法：讲授法、演示法 (2) 重点与难点：数据的可视化展现	4

续表

模块	课程	学习单元	课程内容	培训建议	课堂学时
5. 智能物联网系统搭建与使用	5-1 调校智能视频和音频传感器	（1）调校摄像头光、电参数	1）摄像头的类型、特点、规格参数 2）摄像机成像原理 3）摄像机内外参数调整 4）摄像头的维护与保养	（1）方法：讲授法、实训法、案例法 （2）重点与难点：用棋盘格标定摄像头参数	2
		（2）安装摄像机	1）云台控制 2）预置位设置 3）摄像机地址配置	（1）方法：讲授法、实训法 （2）重点：预置位设置	4
		（3）调校拾音器电参数	1）无源拾音器电声特性及选型 2）有源拾音器电声特性及选型 3）环境对拾音器工作的影响	（1）方法：讲授法、实训法 （2）重点：环境对拾音器工作的影响	2
		（4）安装拾音器	1）拾音器技术参数 2）安装技术规范 3）音频网络阻抗匹配 4）全向拾音器安装 5）定向拾音器安装	（1）方法：讲授法、实训法 （2）重点：音频网络阻抗匹配	2
	5-2 搭建智能物联网应用	（1）标注对象特征	1）语音、文字和图像样本采集 2）对象的属性及分类 3）用JSON格式标注数据	（1）方法：讲授法、实训法 （2）重点：对象的属性及分类	1
		（2）训练应用模型	1）选择算法 2）添加训练集 3）采用公有云API训练 4）采用私有服务器训练 5）采用加速设备SDK训练	（1）方法：讲授法、实训法 （2）重点与难点：不同训练部署下的模型训练	4

续表

模块	课程	学习单元	课程内容	培训建议	课堂学时
5. 智能物联网系统搭建与使用	5-2 搭建智能物联网应用	（3）参数调优	1）调整模型的迭代训练次数 2）调整模型输入尺寸 3）调整学习率参数	（1）方法：讲授法、实训法 （2）重点与难点：调整学习率参数	1
		（4）部署智能物联网应用	1）在线调用 API 方式发布应用 2）离线 SDK 方式发布应用 3）H5 方式发布应用 4）智能物联网应用集成 5）应用模型上线发布	（1）方法：讲授法、项目教学法 （2）重点：H5 方式发布应用	6
课堂学时合计					100

2.2.5 二级/技师职业技能培训课程规范

模块	课程	学习单元	课程内容	培训建议	课堂学时
1. 网络环境建立与管理	1-1 搭建中型物联网应用网络环境	（1）安装中型物联网应用网络设备	1）中型物联网应用网络的组成 2）网络防火墙安装规范 3）安装网络防火墙 4）安装核心交换机注意事项 5）安装网络交换机	（1）方法：讲授法、演示法、实训法 （2）重点与难点：安装网络交换机	4
		（2）配置中型物联网应用网络环境	1）配置网络防火墙 2）配置核心交换机 3）配置网络交换机	（1）方法：讲授法、演示法、任务驱动法 （2）重点与难点：配置核心交换机	4

续表

模块	课程	学习单元	课程内容	培训建议	课堂学时
1. 网络环境建立与管理	1-2 优化物联网网络参数	（1）分析物联网网络性能测试报告	1）物联网网络性能指标 2）物联网网络IP路由性能分析 3）物联网网络安全性能分析 4）物联网网络服务质量分析	（1）方法：讲授法、演示法、讨论法 （2）重点：分析物联网网络IP路由性能 （3）难点：分析物联网网络服务质量	4
		（2）优化物联网网络参数	1）物联网网络性能参数优化方法 2）优化物联网网络IP路由参数 3）优化物联网网络安全参数 4）优化物联网网络服务质量参数	（1）方法：讲授法、演示法 （2）重点：物联网网络IP路由性能参数优化 （3）难点：优化物联网网络服务质量参数	4
2. 硬件设备安装与调试	2-1 物联网终端集成	（1）编制物联网终端集成方案	1）物联网终端集成方案规划 2）编制集成方案	（1）方法：讲授法、讨论法 （2）重点与难点：编制集成方案	4
		（2）集成物联网终端功能模块	1）总线概念及类型 2）分析终端系统架构图 3）以总线方式扩展系统功能 4）以串口方式扩展系统功能 5）功能模块集成	（1）方法：讲授法、讨论法、任务驱动法 （2）重点：集成功能模块 （3）难点：扩展系统功能	6
	2-2 排查物联网终端故障	排除物联网终端故障	1）物联网终端常见故障类型 2）分析终端故障 3）排除终端故障 4）故障排除记录	（1）方法：讲授法、演示法、案例教学法 （2）重点与难点：分析物联网终端故障原因	8

续表

模块	课程	学习单元	课程内容	培训建议	课堂学时
3. 软件系统部署与维护	3-1 使用数据分析软件	(1) 安装并使用数据分析软件	1) 数据分析基本知识 2) 常见的数据分析方法 3) 安装并配置数据分析软件 4) 使用数据分析软件	(1) 方法：讲授法、演示法 (2) 重点：安装并配置数据分析软件	2
		(2) 获取数据	1) 导入数据源 2) 连接数据库 3) 数据的获取	(1) 方法：讲授法、演示法 (2) 重点：数据的获取	1
		(3) 处理和分析数据	1) 数据处理 2) 数据分析 3) 数据可视化	(1) 方法：讲授法、演示法 (2) 重点与难点：数据处理	2
	3-2 部署物联网平台	(1) 物联网平台的结构分析	1) 分析物联网平台的拓扑结构 2) 物联网平台性能分析 3) 物联网平台的数据流程分析	(1) 方法：讲授法、讨论法 (2) 重点：分析物联网平台的拓扑结构 (3) 难点：分析物联网平台的数据流程	1
		(2) 配置服务器软件环境	1) 服务器基本知识 2) 服务器性能分析 3) 安装服务器操作系统 4) 配置服务器软件环境	(1) 方法：演示法、任务驱动法 (2) 重点：安装服务器操作系统 (3) 难点：分析服务器性能	2
		(3) 安装并配置物联网平台	1) 物联网平台基本知识 2) 安装物联网平台 3) 配置物联网平台	(1) 方法：讲授法、实训法 (2) 重点：配置物联网平台	2
		(4) 运行并使用物联网平台	1) 物联网平台的运行 2) 物联网平台的功能验证 3) 物联网平台的性能验证	(1) 方法：演示法 (2) 重点：物联网平台功能验证 (3) 难点：验证物联网平台性能	2

续表

模块	课程	学习单元	课程内容	培训建议	课堂学时
4. 物联网云平台使用	4-1 转换网络数据格式	数据格式的转换	1）TCP 透传概念 2）TCP 透传类产品的创建 3）TCP 透传数据的 JSON 格式转换 4）TCP 连接的建立 5）上传数据的查看与分析	（1）方法：讲授法、演示法、实训法 （2）重点与难点：TCP 透传数据的 JSON 格式转换	2
	4-2 深度处理和使用云平台数据	（1）规则引擎的使用	1）规则引擎的概念 2）数据源的选择 3）SQL 语句编写 4）JSON 数据的自定义处理 5）消息的转发	（1）方法：讲授法、演示法、实训法 （2）重点与难点：编写 SQL 语句	2
		（2）第三方数据的导入和展示	1）第三方平台产品数据的导入 2）数据可视化的部署及发布 3）WEB 可视化部署 4）移动端可视化部署	（1）方法：讲授法、演示法、实训法 （2）重点：WEB 可视化部署	4
5. 智能物联网系统搭建与使用	5-1 构建边缘物联网系统	（1）搭建和注册边缘物联网应用系统	1）Linux 操作系统基本操作 2）搭建虚拟机 3）安装虚拟机管理工具 4）搭建边缘物联网系统 5）边缘设备激活及去激活管理	（1）方法：讲授法、实训法 （2）重点与难点：搭建边缘物联网系统	4
		（2）部署容器	1）容器的概念 2）容器的安装 3）容器参数的调整和优化 4）编辑边缘服务参数 5）调用语音、图像等工具库	（1）方法：讲授法、实训法 （2）重点与难点：容器参数的调整和优化	6

续表

模块	课程	学习单元	课程内容	培训建议	课堂学时
5. 智能物联网系统搭建与使用	5-2 边缘物联网系统联动设置	（1）边缘网关规则设置	1）边缘网关协议设置 2）边缘网关传感器和执行器联动规则设置 3）边缘网关的管理	（1）方法：讲授法、实训法 （2）重点与难点：边缘网关规则设置	4
		（2）云边消息管理和协同	1）云边消息分工 2）云边消息协议参数配置 3）云边消息协同管理	（1）方法：讲授法、实训法 （2）重点与难点：云边消息协同	6
6. 管理与创新	6-1 实施管理	物联网工程项目的组织管理	1）编制项目实施计划进度表 2）确定人员分工与工作职责 3）物联网工程项目实施规范与操作指导书 4）物联网工程实施典型案例分析	（1）方法：讨论法、案例教学法 （2）重点：工程任务的分解 （3）难点：物联网工程典型案例分析	4
	6-2 质量管理	物联网工程质量保证	1）物联网工程质量相关国家标准 2）制订物联网工程项目质量管理与责任分工计划 3）编写物联网工程项目质量验收文件 4）撰写物联网工程验收报告文本 5）确定物联网工程实施、验收阶段质量管理内容 6）物联网工程质量的分析与控制 7）编制物联网工程质量控制（程序）文件 8）编制物联网工程项目作业指导书	（1）方法：讨论法、项目教学法 （2）重点：相关国家标准 （3）难点：项目验收指标的制定	4

模块	课程	学习单元	课程内容	培训建议	课堂学时
7. 培训与指导	7-1 工作指导	对三级/高级工及以下技能等级人员进行操作技术指导	1）物联网设备安装操作安全规范 2）物联网工程操作技术要点示范指导（视频录制） 3）物联网新技术、新工艺 4）物联网新器件、新设备技术参数及应用场景	（1）方法：讲授法、演示法、讨论法、案例教学法 （2）重点：物联网新技术、新工艺 （3）难点：典型操作规范案例分析与经验分享	4
	7-2 技能培训	技术技能人员培训	1）培训计划的编制 2）培训讲义编写体例及要求 3）根据培训实际需求编写培训讲义（培训课件） 4）不同级别技能人员培训的内容设计与培训组织	（1）方法：讲授法、讨论法、案例分析法 （2）重点与难点：不同级别技能人员培训内容的设计与培训组织	4
课堂学时合计					90

2.2.6 一级/高级技师职业技能培训课程规范

模块	课程	学习单元	课程内容	培训建议	课堂学时
1. 网络环境建立与管理	1-1 制定大型物联网应用网络系统施工方案	制定大型物联网应用网络施工方案	1）大型物联网应用网络结构 2）根据网络设计方案制定施工技术方案 3）确定施工组织管理机构 4）制订施工进度计划 5）制定质量目标及质量保证措施 6）制定施工安全管理方案	（1）方法：讲授法、案例教学法 （2）重点：根据项目网络设计方案制定施工技术方案 （3）难点：制定质量目标及质量保证措施系	4

续表

模块	课程	学习单元	课程内容	培训建议	课堂学时
1. 网络环境建立与管理	1-2 排除大型物联网网络故障	（1）物联网网络故障的判定	1）物联网网络故障类型 2）物理类故障判定 ①线路故障判定 ②端口故障判定 ③集线器、路由器故障判定 3）逻辑类故障判定 ①路由器逻辑故障判定 ②重要进程或端口意外关闭故障判定	（1）方法：讲授法、演示法、案例教学法 （2）重点：物理类故障判定 （3）难点：逻辑类故障判定	4
		（2）物联网网络故障的排除	1）物理类故障排除 ①线路故障排除 ②端口故障排除 ③集线器、路由器故障排除 2）逻辑类故障排除 ①路由器逻辑故障排除 ②重要进程或端口意外关闭故障排除	（1）方法：讲授法、演示法、案例教学法 （2）重点：物理类故障排除 （3）难点：逻辑类故障排除	4
2. 硬件系统集成与维护	2-1 集成物联网硬件系统	（1）物联网硬件系统集成方案编制	1）物联网硬件系统集成方案编制方法 2）编制物联网硬件系统集成方案	（1）方法：讲授法、讨论法 （2）重点与难点：物联网硬件系统集成方案编制方法	4
		（2）物联网硬件设备子系统集成	1）总线协议分析 2）硬件技术标准和接口规范 3）硬件设备子系统的接入 4）硬件集成系统调试	（1）方法：讲授法、讨论法 （2）重点：硬件设备子系统的接入 （3）难点：总线协议	2
		（3）物联网硬件系统功能的扩展	1）核心控制模块配置 2）核心控制模块功能扩展	（1）方法：讲授法、演示法、实训法 （2）重点：核心控制模块功能扩展 （3）难点：核心控制模块配置	2

续表

模块	课程	学习单元	课程内容	培训建议	课堂学时
2. 硬件系统集成与维护	2-2 维护物联网硬件系统	（1）物联网硬件系统故障的排除	1）电源故障、设备主机故障、线路故障的排查方法 2）电源故障排除 3）设备主机故障排除 4）线路故障排除	（1）方法：讲授法、演示法、案例教学法 （2）重点与难点：设备主机故障排除	4
		（2）物联网硬件系统的维护	1）电源系统、设备主机和线路的维护方法 2）电源系统维护 3）设备主机维护 4）线路维护	（1）方法：讲授法、案例教学法 （2）重点与难点：设备主机维护	2
3. 软件系统部署与维护	3-1 部署物联网软件系统	（1）物联网软件系统部署说明文档的编写	1）物联网软件系统体系结构 2）物联网软件系统部署说明文档格式规范 3）编写物联网软件系统部署说明文档	（1）方法：讲授法、演示法 （2）重点与难点：编写物联网软件系统部署说明文档	1
		（2）物联网软件系统的部署和配置	1）分析物联网软件系统对承载平台的性能要求 2）根据物联网软件系统合理选择承载平台 3）部署物联网软件系统 4）配置物联网软件系统	（1）方法：讲授法、演示法、实训法 （2）重点：部署物联网软件系统 （3）难点：分析物联网软件系统对承载平台的性能要求	2
	3-2 维护物联网软件系统	（1）物联网应用程序日志的解读	1）操作系统运行日志的调取和解读方法 2）物联网应用程序日志获取 3）物联网应用程序日志解读	（1）方法：案例教学法 （2）重点：解读物联网应用程序日志	1

续表

模块	课程	学习单元	课程内容	培训建议	课堂学时
3．软件系统部署与维护	3-2 维护物联网软件系统	（2）物联网软件系统的诊断	1）物联网软件系统维护规程 2）分析物联网软件系统运行状态 3）诊断物联网软件系统运行中存在的问题	（1）方法：讲授法、案例教学法 （2）重点：分析物联网软件系统运行状态 （3）难点：诊断物联网软件系统运行中存在的问题	2
		（3）物联网软件系统故障的诊断与排除	1）物联网软件系统故障的类型 2）诊断物联网软件系统故障 3）排除物联网软件系统故障	（1）方法：项目教学法、讨论法 （2）重点：物联网软件系统常见故障 （3）难点：排除物联网软件系统故障	2
		（4）物联网软件系统的优化	1）物联网项目需求分析 2）物联网软件系统优化方法 3）物联网软件系统结构优化 4）物联网软件系统参数优化	（1）方法：讲授法、演示法 （2）重点：物联网软件系统参数优化 （3）难点：物联网软件系统结构优化	2
4．物联网云平台使用	4-1 复杂应用场景中的数据采集与传输	（1）不同类型设备的数据采集与传输	1）4G、NB-IoT等传输技术的优劣势及应用 2）采集10种类型的物联网设备数据至物联网云平台 3）平台端的属性配置	（1）方法：讲授法、演示法 （2）重点：不同传输方式和传输协议的应用	2
		（2）不同总线协议设备的数据采集与传输	1）总线协议的共性与特性 2）协议转换终端设备的工作原理 3）将不少于3种的现场总线协议转换为MQTT协议 4）通过MQTT协议与平台建立连接 5）平台端的属性配置	（1）方法：讲授法、演示法 （2）重点：协议转换终端的参数配置	4

续表

模块	课程	学习单元	课程内容	培训建议	课堂学时
4. 物联网云平台使用	4-2 使用数据可视化工具	三维可视化工具的使用	1) 目标建筑三维模型的建立 2) 数据点位的建立与导入 3) 数据绑点与基于GIS的场景融合	(1) 方法：讲授法、演示法 (2) 重点与难点：数据的三维展示	4
5. 智能物联网系统搭建与使用	5-1 构建智能物联网应用系统	(1) 物联网安全	1) 物联网信息安全问题 2) 物联网设备搜索和设备信息检测 3) 安全漏洞挖掘与验证 4) 物理域攻击的预防 5) 物联网安全案例	(1) 方法：讲授法、案例教学法 (2) 重点与难点：物联网安全和加密最佳实践	6
		(2) 算力加速设备和工具运用	1) 算力加速设备的种类 2) CPU、GPU运算特点 3) GPU驱动和软件工具安装 4) 嵌入式算力加速设备的使用	(1) 方法：讲授法、实训法 (2) 重点与难点：GPU驱动和软件工具安装及使用	2
	5-2 构建5G物联网系统	(1) 多传感器融合系统设计	1) 多传感器融合原理和系统结构 2) 多传感器融合系统设计方法 3) 集中式多传感器融合系统设计 4) 分散式多传感器融合系统设计 5) 多传感器融合算法选型	(1) 方法：讲授法、实训法 (2) 重点与难点：融合算法选择和设计	6
		(2) 5G CPE网关与平台设置	1) 5G独立组网和非独立组网网络特点 2) 5G CPE网络设置 3) 5G CPE WLAN设置 4) VPN设置 5) SIM卡安装和用户开通 6) Modbus、扩展协议等多协议开通与格式转换	(1) 方法：讲授法、实训法 (2) 重点与难点：多协议开通与格式转换	4

续表

模块	课程	学习单元	课程内容	培训建议	课堂学时
5.智能物联网系统搭建与使用	5-2 构建5G物联网系统	（3）5G CPE网络性能测试及组网方式优化	1）5G运营商选择 2）5G CPE室内外WLAN信号测试 3）不同区域SIM卡信号质量检测 4）5G CPE室外天线的安装	（1）方法：讲授法、实训法 （2）重点与难点：不同区域SIM卡信号质量检测	2
6.管理与创新	6-1 实施管理	物联网工程项目管理	1）物联网工程项目管理概念、分类与作用 2）编制物联网工程项目进度管理计划书 3）制定物联网工程实施人员责任书 4）物联网工程项目管理典型案例分析	（1）方法：讲授法、讨论法、案例教学法 （2）重点与难点：编制项目进度管理计划书	4
	6-2 项目成本核算	物联网工程项目成本核算	1）物联网工程项目成本管理与控制要素 2）物联网工程成本核算的对象、方法和过程 3）撰写物联网工程成本核算报告	（1）方法：讲授法、讨论法、案例教学法、实训法 （2）重点与难点：确定成本核算的对象	4
7.培训与指导	7-1 工作指导	指导技师及以下技能等级人员进行安全操作及故障排除	1）编写物联网工程核心设备安全操作指导书 2）物联网核心设备安装技术规范 3）物联网工程项目疑难故障排查的方法 4）物联网工程项目复杂故障的处理方法 5）典型大型物联网工程项目故障排查与处理案例分析	（1）方法：讲授法、演示法、案例教学法 （2）重点与难点：故障排查与定位	4

续表

模块	课程	学习单元	课程内容	培训建议	课堂学时
7. 培训与指导	7-2 技能培训	培训技师及以下技能等级人员	1）编写系统化培训大纲 2）编制技能考核方案 3）制定培训与考核计划书 4）编写物联网新技术、新工艺、新设备培训讲义	（1）方法：讲授法、讨论法、演示法 （2）重点与难点： ①考核计划编制 ②新工艺、新技术培训讲义编写	4
课堂学时合计					80

2.2.7　培训建议中培训方法说明

1. 讲授法

讲授法指教师主要运用语言方式，系统地向学员传授知识，传播思想理念。即教师通过叙述、描绘、解释、推论来传递信息、传授知识、阐明概念、论证定律和公式，引导学员获取知识，认识和分析问题。

2. 讨论法

讨论法指在教师的指导下，学员以班级或小组为单位，围绕学习单元的内容，对某一专题进行深入探讨，通过讨论或辩论活动，从而获得知识或巩固知识的一种教学方法，要求培训教师在讨论结束时对讨论的主题做归纳性总结。

3. 实训法

实训法指学员在教师的指导下巩固知识、运用知识、形成技能技巧的方法，通过实际操作的练习，形成操作技能。

4. 演示法

演示法指在教学过程中，教师通过示范操作和讲解使学员获得知识、技能的教学方法。教学中教师对操作内容进行现场演示，边操作边讲解，强调操作的关键步骤和注意事项，使学员边学边做，理论与技能并重，师生互动，提高学生的学习兴趣和学习效率。

5. 案例教学法

案例教学法指通过对案例进行分析，提出问题，分析问题，并找到解决问题的途径和手段，培养学员分析问题、处理问题的能力。

6. 任务驱动法

任务驱动法指由教师根据当前教学主题设计并提出"任务"，采取演示或讲解等方式，给出完成任务的思路、方法、操作和结果，然后引导学生在学中做、做中学，完成相应的学习任务的教学方法。

7. 项目教学法

项目教学法指以实际应用为目的,将理论知识与实际工作相结合,通过师生共同完成一个完整的项目工作,使学员获得知识和实践操作能力与解决实际问题能力的教学方法。其实施以小组为学习单位,一般可分为确定项目任务、计划、决策、实施、检查和评价6个步骤。强调学员在学习过程中的主体地位,以学员为中心,以学员学习为主、教师指导为辅,通过完成教学项目,激发学员的学习积极性,使学员既获得相关理论知识,又掌握实践技能和工作方法,提高解决实际问题的综合能力。

2.3 考核规范

2.3.1 职业基本素质培训考核规范

考核范围	考核比重(%)	考核内容	考核比重(%)	考核单元
1. 职业认知与职业道德	10	1-1 职业认知	3	(1) 物联网系统概述
				(2) 物联网安装调试员职业认知
		1-2 职业道德基本知识	5	物联网安装调试员职业道德规范
		1-3 职业守则	2	物联网安装调试员职业守则
2. 基础知识	90	2-1 计算机基础知识	10	(1) 计算机硬件知识
				(2) 计算机操作系统知识
				(3) 计算机应用软件知识
				(4) 计算机通信网络知识
				(5) 数据库知识
				(6) 计算机安全知识
		2-2 电工电子基础知识	20	(1) 电工基础知识
				(2) 电气控制基础知识
				(3) 供配电基础知识
				(4) 电子技术基础知识

续表

考核范围	考核比重（%）	考核内容	考核比重（%）	考核单元
2．基础知识	90	2-3 物联网系统基础知识	35	（1）物联网感知基本知识
				（2）物联网网络和通信
				（3）物联网数据处理基本知识
				（4）物联网控制技术
				（5）物联网安全技术
		2-4 物联网应用场景	10	（1）物联网技术应用场景
				（2）物联网智能家居应用场景
				（3）物联网智能楼宇应用场景
				（4）物联网智能物流应用场景
				（5）物联网智能交通应用场景
				（6）物联网智慧养老应用场景
				（7）物联网智慧社区应用场景
				（8）物联网智慧园区应用场景
				（9）物联网智慧农业应用场景
				（10）物联网智慧工厂应用场景
		2-5 安全生产与环境保护知识	10	安全生产与环境保护知识
		2-6 相关法律、法规知识	5	相关法律、法规知识

2.3.2 五级／初级职业技能培训理论知识考核规范

考核范围	考核比重（%）	考核内容	考核比重（%）	考核单元
1．网络环境建立与管理	30	1-1 识读物联网网络施工图	15	（1）识读物联网网络施工图
				（2）识读网络设备对应的网络施工图
				（3）定位物联网网络设备安装位置
		1-2 制作网络跳线	5	（1）选用合适的网线类型
				（2）制作网络跳线
				（3）测试网络跳线

续表

考核范围	考核比重（%）	考核内容	考核比重（%）	考核单元
1．网络环境建立与管理	30	1-3 路由器的分类及原理	10	（1）选用路由器
				（2）安装、配置有线网络路由器
				（3）安装、配置无线网络路由器
				（4）搭建物联网应用单元网络环境
2．硬件设备安装与调试	40	2-1 识读电气图	10	（1）识读电气原理图
				（2）识读电气元件布置图
				（3）识读电气安装接线图
				（4）识读电路图原理图
		2-2 使用常见电工电子工具和仪表	10	（1）电工刀和钳类工具的使用
				（2）焊接工具的使用
				（3）常用测量仪表的使用
		2-3 使用物联网标识	10	（1）物联网标识及其选型
				（2）制作二维码
				（3）RFID 标签的使用
		2-4 安装、调试物联网基础功能模块	10	（1）安装位置选择
				（2）安装、调试感知模块
				（3）安装、调试本地控制模块
				（4）安装、调试执行模块
3．软件安装与使用	30	3-1 安装物联网应用软件	10	（1）不同操作系统下的物联网应用软件
				（2）下载并安装计算机端物联网应用软件
				（3）下载并安装移动端物联网应用软件
		3-2 使用物联网应用软件	20	（1）物联网应用软件的配置及使用
				（2）物联网应用软件的维护

2.3.3　五级/初级职业技能培训操作技能考核规范

考核范围	考核比重（%）	考核内容	考核比重（%）	考核形式	选考方式	考核时间（分钟）	重要程度
1. 网络环境建立与管理	40	1-1　制作双绞线跳线	20	实操	抽考三选一	30	X
		1-2　制作同轴电缆跳线		实操			X
		1-3　制作光纤跳线		实操			Y
		1-4　安装配置有线路由器	20	实操	抽考二选一	20	Y
		1-5　安装配置无线路由器		实操			X
2. 硬件设备安装与调试	40	2-1　制作二维码	20	实操	抽考二选一	60	Y
		2-2　RFID标签的读写操作		实操			X
		2-3　安装物联网基础功能模块	20	实操	必考		X
3. 软件安装与使用	20	3-1　安装物联网应用软件	20	实操	选考	10	Y
		3-2　使用物联网应用软件		实操	必考		X

说明：重要程度

"X"表示核心要素，是鉴定中最重要、出现频率也最高的内容，具有必要性、典型性的特点。"Y"表示一般要素，是鉴定中一般重要的内容。"Z"表示辅助要素，是鉴定中重要程度较低的内容。

2.3.4　四级/中级职业技能培训理论知识考核规范

考核范围	考核比重（%）	考核内容	考核比重（%）	考核单元
1. 网络环境建立与管理	30	1-1　配置物联网常用短距离无线通信网络	5	（1）配置ZigBee网络
				（2）配置蓝牙网络
				（3）配置Wi-Fi网络
		1-2　配置物联网常用远距离无线通信网络	5	（1）配置LoRa无线通信网络
				（2）配置NB-IoT无线通信网络

续表

考核范围	考核比重（%）	考核内容	考核比重（%）	考核单元
1. 网络环境建立与管理	30	1-3 安装、配置物联网网关设备	10	(1) 选用物联网网关设备
				(2) 安装、配置有线物联网网关
				(3) 安装、配置无线物联网网关
				(4) 利用物联网网关搭建物联网应用场景
		1-4 测试物联网网络性能	10	(1) 安装、使用物联网网络软硬件测试工具
				(2) 测试物联网网络性能
				(3) 撰写物联网网络性能测试报告
2. 硬件设备安装与调试	35	2-1 选择物联网终端	5	(1) 施工环境勘测
				(2) 选择物联网终端
		2-2 安装、调试传感器	20	(1) 热敏、湿敏传感器的安装与调试
				(2) 光电传感器的安装与调试
				(3) 气体传感器的安装与调试
				(4) 磁敏传感器的安装与调试
				(5) 超声波传感器的安装与调试
		2-3 安装调试执行器	10	(1) 断路器的安装与调试
				(2) 继电器的安装与调试
				(3) 电磁阀的安装与调试
				(4) 电机的安装与调试
3. 软件安装与使用	20	3-1 使用串口调试工具软件	5	(1) 安装串口调试工具软件
				(2) 配置和使用串口调试工具软件
		3-2 使用IP地址扫描工具软件	5	(1) 安装IP地址扫描工具软件
				(2) 定位目标主机
				(3) 判断目标主机的网络连通状态
		3-3 使用蓝牙调试工具软件	5	(1) 安装并配置蓝牙调试工具软件
				(2) 使用工具软件跟踪传输的蓝牙数据包
		3-4 使用ZigBee调试工具软件	5	(1) 安装并配置ZigBee调试工具软件
				(2) 使用工具软件跟踪传输的ZigBee数据包

续表

考核范围	考核比重（%）	考核内容	考核比重（%）	考核单元
4．物联网云平台使用	15	4-1 注册物联网云平台及认证账户	5	物联网云平台的注册及账户认证
		4-2 使用物联网云平台采集物联网设备数据及控制设备	10	物联网设备的接入与控制

2.3.5 四级／中级职业技能培训操作技能考核规范

考核范围	考核比重（%）	考核内容	考核比重（%）	考核形式	选考方式	考核时间（分钟）	重要程度
1．网络环境建立与管理	30	1-1 配置一种短距离无线通信网络	10	实操	必考	50	X
		1-2 配置一种物联网广域网络	10	实操	必考		X
		1-3 安装配置一台物联网网关设备	10	实操	抽考二选一		X
		1-4 测试一项物联网网络性能		实操			Y
2．硬件设备安装与调试	30	2-1 安装、调试传感器	15	实操	必考	60	X
		2-2 安装、调试执行器	15	实操	必考		X
3．软件安装与使用	20	3-1 使用串口调试工具软件	10	实操	抽考二选一	10	X
		3-2 使用IP地址扫描工具软件		实操			X
		3-3 使用蓝牙调试工具软件	10	实操	抽考二选一	10	X
		3-4 使用ZigBee调试工具软件		实操			X
4．物联网云平台使用	20	4-1 注册物联网云平台及认证账户	20	实操	选考	20	Y
		4-2 使用物联网云平台采集物联网设备数据及控制设备		实操	必考		X

2.3.6 三级/高级职业技能培训理论知识考核规范

考核范围	考核比重（%）	考核内容	考核比重（%）	考核单元
1. 网络环境建立与管理	20	1-1 配置楼宇范围物联网网络环境	10	（1）配置楼宇范围的RS485网络
				（2）实现楼宇范围的LoRa无线通信网络覆盖
				（3）实现楼宇范围的Wi-Fi无线通信网络覆盖
		1-2 接入移动互联网网络	10	（1）配置4G/5G网关
				（2）4G/5G物联网设备接入移动网络
2. 硬件设备安装与调试	25	2-1 安装、调试变送器	10	（1）检测变送器
				（2）安装、调试变送器
				（3）保养和维护变送器
		2-2 调试单片机应用系统	15	（1）单片机的检测
				（2）单片机板卡更换
				（3）单片机I/O控制应用
				（4）单片机数据采集与处理
3. 软件安装与使用	15	3-1 使用网络协议分析软件	10	（1）安装并使用网络协议分析软件
				（2）分析主机和端口的数据
		3-2 使用数据库管理软件	5	（1）安装与使用数据库管理软件
				（2）导入数据文件
				（3）对数据进行查询、删除、修改操作
4. 物联网云平台使用	20	4-1 采集传感器数据到物联网云平台	10	采集变送器数据
		4-2 处理和使用云平台数据	10	云平台数据的处理和使用
5. 智能物联网系统搭建与使用	20	5-1 调校智能视频和音频传感器	10	（1）调校摄像头光、电参数
				（2）安装摄像机
				（3）调校拾音器电参数
				（4）安装拾音器
		5-2 搭建智能物联网应用	10	（1）标注对象特征
				（2）训练应用模型
				（3）参数调优
				（4）部署智能物联网应用

2.3.7 三级/高级职业技能培训操作技能考核规范

考核范围	考核比重（%）	考核内容	考核比重（%）	考核形式	选考方式	考核时间（分钟）	重要程度
1. 网络环境建立与管理	25	1-1 配置楼宇RS485物联网网络环境	15	实操	抽考三选一	40	X
		1-2 完成楼宇LoRa无线网络覆盖	15	实操			X
		1-3 完成楼宇Wi-Fi无线网络覆盖	15	实操			X
		1-4 4G/5G物联网设备接入	10	实操	必考		X
2. 硬件设备安装与调试	25	2-1 安装、调试变送器	10	实操	必考	40	X
		2-2 调试单片机应用系统	15	实操	必考		X
3. 软件安装与使用	15	3-1 使用网络协议分析软件	15	实操	抽考二选一	20	X
		3-2 使用数据库管理软件		实操			X
4. 物联网云平台使用	20	4-1 采集传感器数据到物联网云平台	10	实操	必考	15	X
		4-2 处理和使用云平台数据	10	实操	必考	20	X
5. 智能物联网系统搭建与使用	15	5-1 调校智能视频和音频传感器	5	实操	必考	15	X
		5-2 搭建智能物联网应用	10	实操	必考	30	X

2.3.8 二级/技师职业技能培训理论知识考核规范

考核范围	考核比重（%）	考核内容	考核比重（%）	考核单元
1. 网络环境建立与管理	20	1-1 搭建中型物联网应用网络环境	10	（1）安装中型物联网应用网络设备
				（2）配置中型物联网应用网络环境
		1-2 优化物联网网络参数	10	（1）分析物联网网络性能测试报告
				（2）优化物联网网络参数
2. 硬件设备安装与调试	20	2-1 物联网终端集成	10	（1）编制物联网终端集成方案
				（2）集成物联网终端功能模块
		2-2 排除物联网终端故障	10	排除物联网终端故障
3. 软件系统部署与维护	15	3-1 使用数据分析软件	5	（1）安装并使用数据分析软件
				（2）获取数据
				（3）处理和分析数据
		3-2 部署物联网平台	10	（1）物联网平台的结构分析
				（2）配置服务器软件环境
				（3）安装并配置物联网平台
				（4）运行并使用物联网平台
4. 物联网云平台使用	15	4-1 转换网络数据格式	10	数据格式的转换方法
		4-2 深度处理和使用云平台数据	5	（1）规则引擎的使用
				（2）第三方数据的导入和展示
5. 智能物联网系统搭建与使用	20	5-1 构建边缘物联网系统	10	（1）搭建和注册边缘物联网应用系统
				（2）部署容器
		5-2 边缘物联网系统联动设置	10	（1）边缘网关规则设置
				（2）云边消息管理和协同
6. 管理与创新	5	6-1 实施管理	3	物联网工程项目的组织管理
		6-2 质量管理	2	物联网工程质量保证
7. 培训指导	5	7-1 工作指导	2	对三级/高级工及以下技能等级人员进行操作技术指导
		7-2 技能培训	3	技术技能人员培训

2.3.9 二级/技师职业技能培训操作技能考核规范

考核范围	考核比重（%）	考核内容	考核比重（%）	考核形式	选考方式	考核时间（分钟）	重要程度
1. 网络环境建立与管理	15	1-1 安装网络防火墙	10	实操	抽考三选一	30	X
		1-2 安装核心交换机	10	实操			X
		1-3 安装网络交换机	10	实操			X
		1-4 优化物联网网络参数	5	实操	必考		X
2. 硬件设备安装与调试	15	2-1 物联网终端集成	10	实操	必考	30	X
		2-2 排除物联网终端故障	5	实操	必考		X
3. 软件系统部署与维护	20	3-1 使用数据分析软件	20	实操	抽考二选一	20	Y
		3-2 部署物联网平台		实操			X
4. 物联网云平台使用	20	4-1 转换网络数据格式	15	实操	必考	20	X
		4-2 深度处理和使用云平台数据	5	实操	必考	20	X
5. 智能物联网系统搭建与使用	20	5-1 构建边缘物联网系统	15	实操	必考	25	X
		5-2 边缘物联网系统联动设置	5	实操	必考	15	X
6. 管理与创新	5	6-1 实施管理	5	实操	抽考二选一	10	X
		6-2 质量管理	5	实操			X
7. 培训与指导	5	7-1 工作指导	5	实操	抽考二选一	10	X
		7-2 技能培训	5	实操			X

2.3.10 一级/高级技师职业技能培训理论知识考核规范

考核范围	考核比重（%）	考核内容	考核比重（%）	考核单元
1. 网络环境建立与管理	10	1-1 制定大型物联网应用网络系统施工方案	5	制定大型物联网应用网络施工方案
		1-2 排除大型物联网网络故障	5	（1）物联网网络故障的类型和判定 （2）物联网网络故障的排除
2. 硬件系统集成与维护	15	2-1 集成物联网硬件系统	10	（1）物联网硬件系统集成方案编写 （2）物联网硬件设备子系统集成 （3）物联网硬件系统功能的扩展
		2-2 维护物联网硬件系统	5	（1）物联网硬件系统故障的排除 （2）物联网硬件系统的维护
3. 软件系统部署与维护	15	3-1 部署物联网软件系统	10	（1）物联网软件系统部署说明文档的编制 （2）物联网软件系统的部署和配置
		3-2 维护物联网软件系统	5	（1）物联网应用程序日志的解读 （2）物联网软件系统的诊断 （3）物联网软件系统故障的诊断与排除 （4）物联网软件系统的优化
4. 物联网云平台使用	15	4-1 复杂应用场景中的数据采集	5	（1）不同类型设备的数据采集与传输 （2）不同总线协议设备的数据采集与传输
		4-2 使用数据可视化工具	10	三维可视化工具的使用
5. 智能物联网系统搭建与使用	25	5-1 构建智能物联网应用系统	10	（1）物联网安全 （2）算力加速设备和工具运用
		5-2 构建5G物联网系统	15	（1）多传感器融合系统设计 （2）5G CPE 网关与平台设置 （3）5G CPE 网络性能测试及组网方式优化

续表

考核范围	考核比重（%）	考核内容	考核比重（%）	考核单元
6．管理与创新	10	6-1 实施管理	5	物联网工程项目管理
		6-2 项目成本核算	5	物联网工程项目成本核算
7．培训指导	10	7-1 工作指导	5	指导技师及以下技能等级人员进行安全操作及故障排除
		7-2 技能培训	5	培训技师及以下技能等级人员

2.3.11 一级/高级技师职业技能培训操作技能考核规范

考核范围	考核比重（%）	考核内容	考核比重（%）	考核形式	选考方式	考核时间（分钟）	重要程度
1．网络环境建立与管理	10	1-1 制定大型物联网应用网络系统施工方案	10	实操	抽考二选一	30	Y
		1-2 排除物联网网络故障		实操			X
2．硬件系统集成与维护	15	2-1 集成物联网硬件系统	15	实操	抽考二选一	30	Y
		2-2 维护物联网硬件系统		实操			Y
3．软件系统部署与维护	15	3-1 部署物联网软件系统	15	实操	抽考二选一	20	Y
		3-2 维护物联网软件系统		实操			X
4．物联网云平台使用	20	4-1 复杂应用场景中的数据采集	15	实操	必考	20	X
		4-2 三维可视化综合展示	5	实操	必考	20	X
5．智能物联网系统搭建与使用	20	5-1 构建智能物联网应用系统	15	实操	必考	30	X
		5-2 构建5G物联网系统	5	实操	必考	20	X
6．管理与创新	10	6-1 实施管理	10	实操	抽考二选一	10	X
		6-2 项目成本核算	10	实操			X
7．培训与指导	10	7-1 工作指导	10	实操	抽考二选一	10	X
		7-2 技能培训	10	实操			X

附录

培训要求与课程规范对照表

附录

附录1 职业基本素质培训要求与课程规范对照表

2.1.1 职业基本素质培训要求			2.2.1 职业基本素质培训课程规范			
职业基本素质模块（模块）	培训内容（课程）	培训细目	学习单元	课程内容	培训建议	课堂学时
1. 职业认知与职业道德	1-1 职业认知	(1) 物联网架构 (2) 物联网安装调试的要求 (3) 物联网安装调试员的工作职责 (4) 物联网安装调试员的工作内容	(1) 物联网系统概述	1) 物联网的起源及发展 2) 物联网的定义 3) 物联网架构	(1) 方法：讲授法、案例教学法 (2) 重点：物联网架构	1
			(2) 物联网安装调试员职业认知	1) 物联网安装调试的定义 2) 物联网安装调试的要求 3) 物联网安装调试员的工作职责 4) 物联网安装调试员的工作内容	(1) 方法：讲授法、讨论法 (2) 重点：物联网安装调试员的工作内容	1
	1-2 职业道德	(1) 公民道德规范标准 (2) 物联网安装调试员职业道德 (3) 树立正确的技能观 (4) 职业规范	物联网安装调试员职业道德	1) 公民道德规范标准 2) 职业道德规范 3) 物联网安装调试员职业道德规范 4) 工匠精神 5) 6S可视化管理	(1) 方法：讲授法、讨论法、案例教学法 (2) 重点：物联网安装调试员的职业道德规范	2
	1-3 职业守则	物联网安装调试员职业守则	物联网安装调试员职业守则	1) 认真严谨，忠于职守 2) 勤奋好学，活学活用 3) 钻研业务，勇于创新 4) 爱岗敬业，遵纪守法	(1) 方法：讲授法、讨论法 (2) 重点：物联网安装调试员的职业守则	1
2. 基础知识	2-1 计算机基础	(1) 计算机硬件组成 (2) 计算机硬件连接 (3) 计算机操作系统 (4) 计算机软件知识 (5) 计算机网络知识	(1) 计算机硬件知识	1) 计算机硬件组成及功能 2) 计算机的硬件连接	(1) 方法：讲授法、演示法 (2) 重点与难点：计算机的硬件连接	1
			(2) 计算机操作系统知识	1) 计算机操作系统发展简介 2) Windows 操作系统介绍 3) Linux 操作系统介绍 4) 国产自主操作系统介绍	(1) 方法：讲授法、演示法 (2) 重点：Windows 操作系统 (3) 难点：国产自主操作系统	2

附录1 职业基本素质培训要求与课程规范对照表

续表

2.1.1 职业基本素质培训要求			2.2.1 职业基本素质培训课程规范			
职业基本素质模块（模块）	培训内容（课程）	培训细目	学习单元	课程内容	培训建议	课堂学时
2. 基础知识	2-1 计算机基础	(6) TCP/IP 体系结构 (7) 数据库知识 (8) 计算机安全知识 (9) 计算机安全防范	(3) 计算机应用软件知识	1) 计算机软件发展历史 2) 计算机软件特点 3) 计算机应用软件介绍	(1) 方法：讲授法、演示法 (2) 重点：计算机软件的分类	1
			(4) 计算机通信网络知识	1) 计算机通信网络发展历史 2) 计算机网络基础 3) TCP/IP 体系结构	(1) 方法：讲授法、演示法 (2) 重点与难点：TCP/IP 体系结构	3
			(5) 数据库知识	1) 数据库基础知识 2) 数据库基本操作	(1) 方法：讲授法、演示法 (2) 重点：数据库基本操作	1
			(6) 计算机安全知识	1) 计算机常见安全问题 2) 计算机安全的特点 3) 计算机安全防范	(1) 方法：讲授法、案例教学法 (2) 重点与难点：计算机安全防范	2
	2-2 电工电子基础	(1) 电工电路基本知识 (2) 安全用电 (3) 常用低压电器 (4) 电气事故及紧急处理 (5) 供配电系统基础知识 (6) 元器件的识读	(1) 电工基础知识	1) 电路基本概念 2) 常用电工仪表 3) 安全用电常识	(1) 方法：讲授法、演示法、案例教学法 (2) 重点：安全用电	4
			(2) 电气控制基础知识	1) 常用低压电器 2) 电气控制基本原理 3) 电气事故及紧急处理常识	(1) 方法：讲授法、案例教学法 (2) 重点与难点：电气控制基本原理	4
			(3) 供配电基础知识	1) 供配电系统的主要电气设备 2) 供配电基本原理	(1) 方法：讲授法、演示法 (2) 重点：供配电系统的主要电气设备	2
			(4) 电子技术基础知识	1) 电子技术概述 2) 常用电子元器件 3) 基本电子电路	(1) 方法：讲授法、演示法 (2) 重点与难点：基本电子电路	4

续表

2.1.1 职业基本素质培训要求			2.2.1 职业基本素质培训课程规范			
职业基本素质模块（模块）	培训内容（课程）	培训细目	学习单元	课程内容	培训建议	课堂学时
2. 基础知识	2-3 物联网系统基础知识	(1) RFID 技术基础 (2) NFC 技术基础 (3) 二维码技术基础 (4) 传感器的分类 (5) 传感器的应用 (6) 串口通信的特点和使用场景 (7) 蓝牙通信的特点和使用场景 (8) ZigBee 通信的特点和使用场景 (9) LoRa 通信的特点和使用场景 (10) NB-IoT 技术的特点和使用场景 (11) 移动通信的性能比较 (12) 物联网云平台体验 (13) 物联网控制方法 (14) 物联网设备安全	(1) 物联网感知基本知识	1) RFID 和 NFC 技术 2) 二维码技术 3) 传感器技术	(1) 方法：演示法、案例教学法 (2) 重点：RFID 和 NFC 适用场景	6
			(2) 物联网网络和通信	1) 串行通信技术 2) 蓝牙、ZigBee 无线传感器网络技术 3) LoRa、NB-IoT 低功耗广域网络技术 4) 移动通信技术	(1) 方法：讲授法、演示法 (2) 重点：串行通信技术	6
			(3) 物联网数据处理基本知识	1) 物联网数据采集预处理技术 2) 物联网软件系统的结构 3) 物联网云平台特点及分类 4) 物联网云平台体验	(1) 方法：讲授法、演示法 (2) 重点：物联网数据采集预处理技术	4
			(4) 物联网控制技术	1) 物联网控制基本概念 2) 物联网控制技术及特点 3) 物联网控制常用方法	(1) 方法：讲授法、演示法 (2) 重点：物联网控制常用方法	2
			(5) 物联网安全技术	1) 物联网网络安全 2) 物联网信息安全 3) 物联网设备安全 4) 物联网系统安全	(1) 方法：讲授法、案例教学法 (2) 重点：物联网设备安全 (3) 难点：物联网系统安全	4
	2-4 物联网应用场景	(1) 物联网体系结构 (2) 智能家居应用场景 (3) 智能楼宇应用场景 (4) 智能物流应用场景	(1) 物联网技术应用场景	1) 物联网技术应用范畴 2) 物联网体系结构	(1) 方法：讲授法、案例教学法 (2) 重点：物联网体系结构	1
			(2) 物联网智能家居应用场景	1) 智能家居的系统构成 2) 智能家居的结构特点 3) 智能家居的典型功能	(1) 方法：讲授法、演示法、案例教学法 (2) 重点：智能家居的结构特点	2

附录1 职业基本素质培训要求与课程规范对照表

续表

2.1.1 职业基本素质培训要求			2.2.1 职业基本素质培训课程规范			
职业基本素质模块（模块）	培训内容（课程）	培训细目	学习单元	课程内容	培训建议	课堂学时
2．基础知识	2-4 物联网应用场景	（5）智能交通应用场景 （6）智慧养老应用场景 （7）智慧社区应用场景 （8）智慧园区应用场景 （9）智慧农业应用场景 （10）智慧工厂应用场景	（3）物联网智能楼宇应用场景	1）智能楼宇的系统构成 2）智能楼宇的结构特点 3）智能楼宇的典型功能	（1）方法：讲授法、案例教学法 （2）重点：智能楼宇的结构特点	2
			（4）物联网智能物流应用场景	1）智能物流的系统构成 2）智能物流的结构特点 3）智能物流的典型功能	（1）方法：讲授法、演示法、案例教学法 （2）重点：智能物流的结构特点	1
			（5）物联网智能交通应用场景	1）智能交通的系统构成 2）智能交通的结构特点 3）智能交通的典型功能 4）车联网的系统结构 5）车联网的技术特点	（1）方法：讲授法、演示法、案例教学法 （2）重点：智能交通的结构特点 （3）难点：车联网的系统结构	2
			（6）物联网智慧养老应用场景	1）智慧养老的系统构成 2）智慧养老的结构特点 3）智慧养老的典型功能	（1）方法：讲授法、演示法、案例教学法 （2）重点：智慧养老的结构特点	1
			（7）物联网智慧社区应用场景	1）智慧社区的系统构成 2）智慧社区的结构特点 3）智慧社区的典型功能	（1）方法：讲授法、演示法、案例教学法 （2）重点：智慧社区的结构特点	1
			（8）物联网智慧园区应用场景	1）智慧园区的系统构成 2）智慧园区的结构特点 3）智慧园区的典型功能	（1）方法：讲授法、演示法、案例教学法 （2）重点：智慧园区的结构特点	1
			（9）物联网智慧农业应用场景	1）智慧农业的系统构成 2）智慧农业的结构特点 3）智慧农业的典型功能	（1）方法：讲授法、演示法、案例教学法 （2）重点：智慧农业的结构特点	1
			（10）物联网智慧工厂应用场景	1）智慧工厂的系统构成 2）智慧工厂的结构特点 3）智慧工厂的典型功能	（1）方法：讲授法、演示法、案例教学法 （2）重点：智慧工厂的结构特点	1

附录

续表

2.1.1 职业基本素质培训要求			2.2.1 职业基本素质培训课程规范			
职业基本素质模块（模块）	培训内容（课程）	培训细目	学习单元	课程内容	培训建议	课堂学时
2. 基础知识	2-5 安全生产与环境保护	（1）防火安全相关知识 （2）安全用电相关知识 （3）现场作业安全管理知识 （4）安全生产操作规范 （5）现场急救知识 （6）环境保护相关知识	安全生产与环境保护知识	1）防火安全相关知识 2）安全用电相关知识 3）现场作业安全管理知识 4）安全生产操作规范 5）现场急救知识 6）环境保护相关知识	（1）方法：讲授法、讨论法、演示法 （2）重点：安全生产操作规范 （3）难点：现场急救知识	4
	2-6 相关法律、法规	（1）相关法律知识 （2）相关法规知识	相关法律、法规知识	1）《中华人民共和国劳动法》相关知识 2）《中华人民共和国劳动合同法》相关知识 3）《中华人民共和国网络安全法》相关知识 4）《中华人民共和国知识产权法》相关知识 5）《计算机软件保护条例》相关知识 6）《中华人民共和国计算机信息网络国际联网管理暂行规定实施办法》相关知识	（1）方法：讲授法 （2）重点：对《中华人民共和国网络安全法》的理解与掌握	2
课堂学时合计						70

附录2 五级/初级职业技能培训要求与课程规范对照表

2.1.2 五级/初级职业技能培训要求				2.2.2 五级/初级职业技能培训课程规范			
职业功能模块（模块）	培训内容（课程）	技能目标	培训细目	学习单元	课程内容	培训建议	课堂学时
1. 网络环境建立与管理	1-1 识读物联网网络施工图	1-1-1 能识读物联网网络施工图	（1）识读物联网网络施工图图例 （2）识读物联网网络施工图	（1）识读物联网网络施工图	1）物联网网络环境组成 2）识读物联网网络施工图图例 3）识读物联网网络施工图	（1）方法：讲授法、任务驱动法 （2）重点与难点：识读物联网网络施工图	2

附录2 五级／初级职业技能培训要求与课程规范对照表

续表

2.1.2 五级／初级职业技能培训要求				2.2.2 五级／初级职业技能培训课程规范			
职业功能模块（模块）	培训内容（课程）	技能目标	培训细目	学习单元	课程内容	培训建议	课堂学时
1．网络环境建立与管理	1-1 识读物联网网络施工图	1-1-2 能识读网络设备对应的网络施工图图例	（1）识读网络设备图例（2）识读网络设备对应的网络施工图图例	（2）识读网络设备对应的网络施工图	1）物联网网络设备分类和功能　2）识读物联网网络设备图例	（1）方法：讲授法、任务驱动法（2）重点与难点：识读物联网网络设备图例	2
		1-1-3 能标注网络施工图中物联网网络设备安装位置	（1）识读物联网施工图布线要求（2）标注物联网网络设备安装位置	（3）定位物联网网络设备安装位置	1）物联网网络布线规范　2）物联网网络设备安装规范　3）在网络施工图中标注网络设备安装位置	（1）方法：讲授法、案例教学法（2）重点与难点：标注网络设备安装位置	2
	1-2 制作网络跳线	1-2-1 能选用合适的网线类型	（1）选用双绞线网线类型（2）选用光纤网线类型（3）选用同轴电缆网线类型	（1）选用合适的网线类型	1）网线分类与特点　2）双绞线网线选择　3）光纤网线选择　4）同轴电缆网线选择	（1）方法：讲授法、任务驱动法（2）重点：双绞线网线选择（3）难点：光纤网线选择	2
		1-2-2 能利用网线钳等工具制作网络跳线	（1）制作同轴电缆网络跳线（2）制作双绞线网络跳线（3）制作光纤网络跳线	（2）制作网络跳线	1）网络跳线制作工具使用方法　2）制作同轴电缆网络跳线　3）制作双绞线网络跳线　4）制作光纤网络跳线	（1）方法：讲授法、演示法（2）重点：制作双绞线网络跳线（3）难点：制作光纤网络跳线	4
		1-2-3 能利用网络测线仪测试网络跳线	（1）测试同轴电缆网络跳线（2）测试双绞线网络跳线（3）测试光纤网络跳线	（3）测试网络跳线	1）网络测线仪的使用　2）测试同轴电缆网络跳线　3）测试双绞线网络跳线　4）测试光纤网络跳线	（1）方法：讲授法、演示法、实训法（2）重点：双绞线跳线测试方法（3）难点：光纤跳线测试方法	4

续表

2.1.2 五级/初级职业技能培训要求				2.2.2 五级/初级职业技能培训课程规范			
职业功能模块（模块）	培训内容（课程）	技能目标	培训细目	学习单元	课程内容	培训建议	课堂学时
1. 网络环境建立与管理	1-3 安装调试路由器	1-3-1 能选用路由器	(1) 识读路由器参数 (2) 选用路由器	(1) 选用路由器	1) 路由器的分类及工作原理 2) 有线、无线网络路由器的特点 3) 路由器的选用	(1) 方法：讲授法、实训法 (2) 重点与难点：网络路由器的选用	2
		1-3-2 能安装、配置有线网络路由器	(1) 安装有线网络路由器 (2) 配置有线网络路由器	(2) 安装、配置有线网络路由器	1) 有线网络路由器安装、配置方法 2) 有线网络路由器的安装 3) 有线网络路由器的参数配置 4) 有线网络路由器的调试	(1) 方法：讲授法、演示法、实训法 (2) 重点与难点：配置有线网络路由器	2
		1-3-3 能安装、配置无线网络路由器	(1) 安装无线网络路由器 (2) 配置无线网络路由器	(3) 安装、配置无线网络路由器	1) 无线网络路由器安装、配置方法 2) 安装无线网络路由器 3) 无线网络路由器的参数配置 4) 无线网络路由器的调试	(1) 方法：讲授法、演示法、实训法 (2) 重点与难点：配置无线网络路由器	2
		1-3-4 能搭建一个物联网应用单元网络环境	(1) 建立路由器有线连接 (2) 建立路由器无线连接 (3) 建立单个物联网终端无线连接	(4) 搭建物联网应用单元网络环境	1) 物联网应用单元网络组成 2) 路由器有线、无线连接方法 3) 建立路由器有线、无线连接 4) 建立单个物联网终端无线连接	(1) 方法：讲授法、项目教学法 (2) 重点与难点：建立网络路由器无线连接	4

附录2　五级／初级职业技能培训要求与课程规范对照表

续表

2.1.2　五级／初级职业技能培训要求				2.2.2　五级／初级职业技能培训课程规范			
职业功能模块（模块）	培训内容（课程）	技能目标	培训细目	学习单元	课程内容	培训建议	课堂学时
2．硬件设备安装与调试	2-1　识读电气图	2-1-1　能识读电气原理图	（1）识读常用电气图形符号 （2）识读常用电气文字符号 （3）识读主电路图 （4）识读控制电路图	（1）识读电气原理图	1）电气原理图的概念 2）常用电气图形符号和文字符号 3）电气原理图的绘制原则 4）识读电气原理图	（1）方法：讲授法、演示法、任务驱动法 （2）重点：常用电气图形符号和文字符号 （3）难点：识读电气原理图	4
		2-1-2　能识读电气元件布置图	识读电气元件布置图	（2）识读电气元件布置图	1）电气元件布置图概念 2）电气元件布置图绘制原则 3）识读电气元件布置图 4）识别电器	（1）方法：讲授法、案例法 （2）重点与难点：电气元件布置图绘制原则	2
		2-1-3　能识读电气安装接线图	（1）识读电气安装接线图中的符号 （2）识读线缆及安装标注 （3）识读电气安装接线图	（3）识读电气安装接线图	1）电气安装接线识图常识 ①符号表示 ②线缆及安装标注 2）接线图绘制原则 3）识读电气安装接线图	（1）方法：讲授法、任务驱动法 （2）重点与难点：识读电气安装接线图	2
		2-1-4　能识读电路原理图	（1）识读常用电子元器件图形符号和文字符号 （2）识读电路原理图 （3）识读PCB图	（4）识读电路原理图	1）电路原理图的概念 2）常用电子元器件图形符号和文字符号 3）电路原理图绘制原则 4）识读电路原理图 5）识读PCB图	（1）方法：讲授法、实训法 （2）重点：电路原理图的识读 （3）难点：电路原理图绘制原则	4

续表

续表

2.1.2 五级/初级职业技能培训要求				2.2.2 五级/初级职业技能培训课程规范			
职业功能模块（模块）	培训内容（课程）	技能目标	培训细目	学习单元	课程内容	培训建议	课堂学时
2．硬件设备安装与调试	2-2 使用常用电工电子工具和仪表	2-2-1 能识别并使用常用电工工具	(1) 使用电工刀剖削电线 (2) 使用钢丝钳、偏口钳剪切电线 (3) 使用尖嘴钳给单股电线接头弯圈、剥绝缘层 (4) 使用剥线钳剥削电线 (5) 使用焊接工具焊接电路	(1) 电工刀和钳类工具的使用	1) 电工刀的使用 2) 钢丝钳的使用 3) 偏口钳的使用 4) 尖嘴钳的使用 5) 剥削电线	(1) 方法：讲授法、演示法、实训法 (2) 重点与难点：使用钳类工具剥削电线	4
				(2) 焊接工具的使用	1) 电烙铁的使用 2) 焊锡丝的使用 3) 松香的使用 4) 吸锡器的使用 5) 焊接电路	(1) 方法：讲授法、演示法、实训法 (2) 重点：验电笔的使用 (3) 难点：电路焊接	4
		2-2-2 能识别并使用常用测量仪表	(1) 使用低压验电器测量物体是否带电 (2) 使用万用表测电阻、电压、电流、电容等参数 (3) 使用万用表对电容、三极管进行测量并判断好坏 (4) 使用兆欧表测量线缆的绝缘性能 (5) 使用示波器观察信号	(3) 常用测量仪表的使用	1) 低压验电器的使用 2) 万用表的使用 3) 兆欧表的使用 4) 示波器的使用	(1) 方法：讲授法、演示法、实训法 (2) 重点：使用万用表测电参数 (3) 难点：使用万用表测量三极管	8
	2-3 使用物联网标识	2-3-1 能根据需求进行物联网标识选型	(1) 识别物联网标识 (2) 物联网标识选型	(1) 物联网标识及其选型	1) 物联网标识的定义和作用 2) 物联网标识的类型 3) 物联网标识的选型	(1) 方法：讲授法、讨论法 (2) 重点与难点：物联网标识的类型	2

附录2　五级／初级职业技能培训要求与课程规范对照表

续表

2.1.2　五级／初级职业技能培训要求				2.2.2　五级／初级职业技能培训课程规范			
职业功能模块（模块）	培训内容（课程）	技能目标	培训细目	学习单元	课程内容	培训建议	课堂学时
2.硬件设备安装与调试	2-3 使用物联网标识	2-3-2 能制作二维码	制作二维码	(2) 制作二维码	1) 二维码概述	(1) 方法：讲授法、演示法、任务驱动法 (2) 重点：二维码的制作	2
					2) 二维码的制作		
		2-3-3 能使用标签阅读器对RFID标签进行读写操作	(1) 识别RFID标签 (2) 读写低频RFID标签信息 (3) 读写高频RFID标签信息	(3) RFID标签的使用	1) RFID标签的定义和分类	(1) 方法：讲授法、讨论法、实训法 (2) 重点与难点：RFID标签信息的读写	4
					2) RFID标签的应用		
					3) 物联网标识中信息的读写方法		
					4) RFID标签信息的读写操作		
	2-4 安装、调试物联网基础功能模块	2-4-1 能根据需求选择物联网功能模块的安装位置	(1) 选择烟雾感知模块的安装位置 (2) 选择光照度感知模块的安装位置	(1) 安装位置选择	1) 烟雾感知模块的安装位置要求	(1) 方法：讲授法、讨论法 (2) 重点与难点：安装位置的要求	1
					2) 光照度感知模块的安装位置要求		
					3) 感知模块安装位置的选择		
		2-4-2 能安装、调试感知模块	(1) 安装感知模块 (2) 调试感知模块	(2) 安装、调试感知模块	1) 感知模块概述	(1) 方法：讲授法、演示法、实训法 (2) 重点与难点：感知模块的安装、调试	6
					2) 安装、调试烟雾感知模块		
					3) 安装、调试光照度感知模块		
		2-4-3 能安装、调试本地控制模块	(1) 安装、调试本地控制模块 (2) 配置本地控制模块	(3) 安装、调试本地控制模块	1) 本地控制模块的定义和功能	(1) 方法：讲授法、演示法、实训法 (2) 重点与难点：本地控制模块的安装与配置	5
					2) 本地控制模块的安装		
					3) 本地控制模块的配置		

续表

2.1.2 五级/初级职业技能培训要求				2.2.2 五级/初级职业技能培训课程规范			
职业功能模块（模块）	培训内容（课程）	技能目标	培训细目	学习单元	课程内容	培训建议	课堂学时
2. 硬件设备安装与调试	2-4 安装、调试物联网基础功能模块	2-4-4 能安装、调试执行模块	(1) 安装执行模块 (2) 调试执行模块	(4) 安装、调试执行模块	1) 执行模块概述 2) 安装、调试声光报警器 3) 安装、调试照明装置	(1) 方法：讲授法、演示法、实训法 (2) 重点与难点：执行模块的安装、调试	4
3. 软件安装与使用	3-1 安装物联网应用软件	3-1-1 能在计算机端下载或复制厂家提供的物联网应用软件	(1) 了解不同操作系统下的物联网应用软件 (2) 获取物联网应用软件	(1) 不同操作系统下的物联网应用软件	1) 物联网应用软件的分类、特点 2) Windows 操作系统下的物联网应用软件 3) Linux 操作系统下的物联网应用软件 4) 国产操作系统下的物联网应用软件 5) 移动终端操作系统下的物联网应用软件	(1) 方法：讲授法、演示法 (2) 重点：国产操作系统下的物联网应用软件	4
		3-1-2 能在计算机端安装物联网应用软件	安装物联网应用软件	(2) 下载并安装计算机端物联网应用软件	1) 使用浏览器下载应用软件 2) 通过U盘或光盘获取物联网应用软件安装程序 3) 应用软件的安装	(1) 方法：讲授法、实训法 (2) 重点：安装物联网应用软件	2
		3-1-3 能在手机端下载并安装厂家提供的移动端物联网应用软件App	(1) 获取移动端物联网应用软件App (2) 安装移动端物联网应用软件App	(3) 下载并安装移动端物联网应用软件	1) 下载移动端物联网应用软件App 2) 安装移动端物联网应用软件App 3) 加载微信小程序	(1) 方法：演示法、实训法 (2) 重点：安装移动端物联网应用软件App	2
		3-1-4 能在手机端加载厂家提供的移动端物联网应用软件微信小程序	加载微信小程序				

附录3 四级／中级职业技能培训要求与课程规范对照表

续表

2.1.2 五级/初级职业技能培训要求				2.2.2 五级/初级职业技能培训课程规范			
职业功能模块（模块）	培训内容（课程）	技能目标	培训细目	学习单元	课程内容	培训建议	课堂学时
3. 软件安装与使用	3-2 使用物联网应用软件	3-2-1 能识读物联网应用软件说明书	识读物联网应用软件说明书	（1）物联网应用软件的配置及使用	1）识读物联网应用软件说明书	（1）方法：演示法、任务驱动法、实训法 （2）重点：识读物联网应用软件说明书 （3）难点：根据软件说明书配置物联网应用软件	3
		3-2-2 能根据软件说明书配置并使用物联网应用软件	（1）配置物联网应用软件 （2）使用物联网应用软件		2）根据软件说明书配置物联网应用软件		
					3）使用物联网应用软件		
		3-2-3 能维护物联网应用软件	（1）检查物联网应用软件的版本 （2）更新物联网应用软件 （3）卸载物联网应用软件	（2）物联网应用软件的维护	1）检查物联网应用软件的版本	（1）方法：演示法、实训法 （2）重点：更新物联网应用软件	1
					2）更新物联网应用软件		
					3）卸载物联网应用软件		
课堂学时合计							90

附录3 四级／中级职业技能培训要求与课程规范对照表

2.1.3 四级/中级职业技能培训要求				2.2.3 四级/中级职业技能培训课程规范			
职业功能模块（模块）	培训内容（课程）	技能目标	培训细目	学习单元	课程内容	培训建议	课堂学时
1. 网络环境建立与管理	1-1 配置物联网常用短距离通信网络	1-1-1 能配置紫蜂（ZigBee）网络	（1）配置 ZigBee 协调器 （2）配置 ZigBee 路由器 （3）配置 ZigBee 终端	（1）配置紫蜂（ZigBee）网络	1）ZigBee 网络工作原理	（1）方法：讲授法、演示法、实训法 （2）重点：配置 ZigBee 路由器	4
					2）ZigBee 网络组网技术		
					3）ZigBee 网络配置方法		
					4）配置 ZigBee 网络 ①配置本地串口 ②配置 ZigBee 协调器 ③配置 ZigBee 路由器 ④配置 ZigBee 终端		

附录

续表

2.1.3 四级/中级职业技能培训要求				2.2.3 四级/中级职业技能培训课程规范			
职业功能模块（模块）	培训内容（课程）	技能目标	培训细目	学习单元	课程内容	培训建议	课堂学时
1. 网络环境建立与管理	1-1 配置物联网常用短距离通信网络	1-1-2 能配置蓝牙（BlueTooth）网络	(1) 配置对等蓝牙网络 (2) 配置主从蓝牙网络	(2) 配置蓝牙（BlueTooth）网络	1) 蓝牙网络工作原理 2) 蓝牙网络组网技术 3) 蓝牙网络配置方法 4) 配置对等蓝牙网络 5) 配置主从蓝牙网络	(1) 方法：讲授法、任务驱动法 (2) 重点：配置主从蓝牙网络	2
		1-1-3 能配置Wi-Fi网络	(1) 配置无线路由器Wi-Fi网络 (2) 配置物联网终端Wi-Fi连接	(3) 配置Wi-Fi网络	1) Wi-Fi网络工作原理 2) Wi-Fi网络组网技术 3) Wi-Fi网络配置方法 4) 配置无线路由器Wi-Fi网络 5) 配置物联网终端Wi-Fi连接	(1) 方法：讲授法、任务驱动法 (2) 重点：配置无线路由器Wi-Fi网络	2
	1-2 配置物联网常用远距离无线通信网络	1-2-1 能配置远距离无线电（LoRa）通信网络	(1) 配置LoRa网关 (2) 配置物联网终端LoRa连接	(1) 配置远距离无线电（LoRa）通信网络	1) LoRa无线网络组成 2) LoRa无线网络配置方法 3) 配置物联网终端网络LoRa连接	(1) 方法：讲授法、实训法 (2) 重点与难点：LoRa无线网络配置	4
		1-2-2 能配置窄带物联网（NB-IoT）无线通信网络	(1) 配置NB-IoT网关 (2) 配置物联网终端	(2) 配置窄带物联网（NB-IoT）无线通信网络	1) NB-IoT无线网络组成 2) 配置NB-IoT无线网关 3) 配置NB-IoT无线网络终端	(1) 方法：讲授法、实训法 (2) 重点与难点：NB-IoT无线网络配置	4

附录3 四级／中级职业技能培训要求与课程规范对照表

续表

2.1.3 四级/中级职业技能培训要求				2.2.3 四级/中级职业技能培训课程规范			
职业功能模块（模块）	培训内容（课程）	技能目标	培训细目	学习单元	课程内容	培训建议	课堂学时
1. 网络环境建立与管理	1-3 安装、配置物联网网关设备	1-3-1 能进行物联网网关设备选型	（1）掌握有线、无线物联网网关的特点 （2）选用物联网网关	（1）选用物联网网关设备	1）物联网网关的工作原理及分类 2）有线、无线物联网网关的特点 3）物联网网关选用	（1）方法：讲授法、案例教学法 （2）重点与难点：物联网网关选用	2
		1-3-2 能安装、配置有线物联网网关	（1）安装有线物联网网关 （2）配置有线物联网网关	（2）安装、配置有线物联网网关	1）有线物联网网关参数 2）有线物联网网关安装及配置方法 3）安装有线物联网网关 4）配置有线物联网网关	（1）方法：讲授法、演示法、实训法 （2）重点与难点：配置有线物联网网关	5
		1-3-3 能安装、配置无线物联网网关	（1）安装无线物联网网关 （2）配置无线物联网网关	（3）安装、配置无线物联网网关	1）无线物联网网关参数 2）无线物联网网关安装及配置方法 3）安装无线物联网网关 4）配置无线物联网网关	（1）方法：讲授法、演示法、实训法 （2）重点与难点：配置无线物联网网关	5
		1-3-4 能利用物联网网关搭建物联网应用场景	（1）开关量连接到物联网网关 （2）模拟量连接到物联网网关 （3）串行通信信号连接到物联网网关	（4）利用物联网网关搭建物联网应用场景	1）常用物联网信息采集方法 2）开关量连接到物联网网关 3）模拟量连接到物联网网关 4）RS485信号连接到物联网网关 5）RS422信号连接到物联网网关 6）RS232信号连接到物联网网关	（1）方法：讲授法、案例教学法、项目教学法 （2）重点：RS485信号连接到物联网网关 （3）难点：RS422信号连接到物联网网关	6

附录

续表

2.1.3 四级/中级职业技能培训要求				2.2.3 四级/中级职业技能培训课程规范			
职业功能模块（模块）	培训内容（课程）	技能目标	培训细目	学习单元	课程内容	培训建议	课堂学时
1.网络环境建立与管理	1-4 测试物联网网络性能	1-4-1 能使用物联网网络软件、硬件测试工具	(1) 安装物联网网络软件测试工具 (2) 使用物联网网络测试工具	(1) 安装、使用物联网网络软件、硬件测试工具	1) 安装物联网网络软件、硬件测试工具 2) 物联网网络软件、硬件测试工具的使用方法 3) 物联网网络测试工具的使用	(1) 方法：讲授法、案例教学法 (2) 重点与难点：物联网网络软件测试工具的使用方法	4
		1-4-2 能测试物联网网络性能	测试物联网网络各项性能	(2) 测试物联网网络性能	1) 物联网网络性能 2) 测试物联网网络各项性能 ①测试网络连通性 ②测试网络响应时间 ③测试网络吞吐量 ④测试网络带宽	(1) 方法：讲授法、实训法 (2) 重点：测试物联网网络响应时间	2
		1-4-3 能撰写物联网网络性能测试报告	(1) 掌握测试报告撰写规范 (2) 撰写测试报告	(3) 撰写物联网网络性能测试报告	1) 测试报告撰写原则 2) 测试报告撰写规范 3) 撰写测试报告	(1) 方法：讲授法、案例教学法 (2) 重点与难点：撰写测试报告	2
2.硬件设备安装与调试	2-1 选择物联网终端	2-1-1 能勘测施工环境	(1) 绘制安装点位图 (2) 绘制布线施工图	(1) 施工环境勘测	1) 施工环境勘测图绘制方法 2) 绘制安装点位图 3) 绘制布线施工图	(1) 方法：讲授法、演示法、实训法 (2) 重点与难点：绘制施工环境勘测图	4
		2-1-2 能根据需求选用物联网终端	(1) 选择物联网终端 (2) 选用传感器 (3) 选用执行器	(2) 选择物联网终端	1) 物联网终端的概念、结构及功能 2) 根据工作场景选择传感器 3) 根据工作场景选择执行器	(1) 方法：讲授法、讨论法 (2) 重点与难点：选用传感器	4

附录3　四级／中级职业技能培训要求与课程规范对照表

续表

2.1.3　四级／中级职业技能培训要求				2.2.3　四级／中级职业技能培训课程规范			
职业功能模块（模块）	培训内容（课程）	技能目标	培训细目	学习单元	课程内容	培训建议	课堂学时
2．硬件设备安装与调试	2-2 安装、调试传感器	2-2-1 能检测、安装调试及保养维护传感器	（1）检测热敏、湿敏传感器 （2）安装、调试热敏、湿敏传感器 （3）热敏、湿敏传感器维护保养 （4）检测光电传感器 （5）安装、调试光电传感器 （6）光电传感器维护保养 （7）检测气敏传感器 （8）安装、调试气敏传感器 （9）气敏传感器维护保养 （10）检测磁敏传感器 （11）安装、调试磁敏传感器 （12）磁敏传感器维护保养 （13）检测超声波传感器 （14）安装、调试超声波传感器 （15）超声波传感器维护保养	（1）热敏、湿敏传感器的安装与调试	1）热敏、湿敏传感器的工作原理 2）热敏、湿敏传感器的检测 3）热敏、湿敏传感器的安装、调试 4）热敏、湿敏传感器的维护保养	（1）方法：讲授法、演示法、实训法 （2）重点与难点：热敏、湿敏传感器的安装、调试	6
				（2）光电传感器的安装与调试	1）光电传感器概述 2）光电传感器的安装、调试 3）光电传感器的维护保养	（1）方法：讲授法、演示法、实训法 （2）重点与难点：光电传感器的安装、调试	4
				（3）气敏传感器的安装与调试	1）气敏传感器概述 2）气敏传感器的安装、调试 3）气敏传感器的维护保养	（1）方法：讲授法、演示法、实训法 （2）重点与难点：气敏传感器的检测、安装与调试	4
				（4）磁敏传感器的安装与调试	1）磁敏传感器概述 2）磁敏传感器的安装、调试 3）磁敏传感器的维护保养	（1）方法：讲授法、演示法、实训法 （2）重点与难点：磁敏传感器的安装、调试	2
				（5）超声波传感器的安装与调试	1）超声波传感器概述 2）超声波传感器的安装、调试 3）超声波传感器的维护保养	（1）方法：讲授法、演示法、实训法 （2）重点与难点：超声波传感器的安装、调试	2

续表

2.1.3 四级/中级职业技能培训要求				2.2.3 四级/中级职业技能培训课程规范			
职业功能模块（模块）	培训内容（课程）	技能目标	培训细目	学习单元	课程内容	培训建议	课堂学时
2. 硬件设备安装与调试	2-3 安装调试执行器	2-3-1 能检测、安装、调试及保养维护执行器	（1）检测断路器 （2）安装、调试断路器 （3）断路器保养维护 （4）检测继电器 （5）安装、调试继电器 （6）继电器保养维护 （7）检测电磁阀 （8）安装、调试电磁阀 （9）电磁阀保养维护 （10）检测电机 （11）安装、调试电机 （12）电机保养维护	（1）断路器的安装与调试	1）断路器的安装、调试 2）断路器的保养维护	（1）方法：讲授法、演示法、实训法 （2）重点与难点：断路器的安装、调试	4
				（2）继电器的安装与调试	1）继电器的安装、调试 2）继电器的保养维护	（1）方法：讲授法、演示法、实训法 （2）重点与难点：继电器的安装、调试	2
				（3）电磁阀的安装与调试	1）电磁阀的结构和工作原理 2）电磁阀的安装、调试 3）电磁阀的保养维护	（1）方法：讲授法、演示法、实训法 （2）重点与难点：电磁阀的安装、调试	2
				（4）电机的安装与调试	1）电机的结构和工作原理 2）电机的安装、调试 3）电机的保养维护	（1）方法：讲授法、演示法、任务驱动法 （2）重点与难点：电机的安装、调试	4
3. 软件安装与使用	3-1 使用串口调试工具软件	3-1-1 能安装串口调试工具软件	（1）获取串口调试工具软件 （2）安装串口调试工具软件	（1）安装串口调试工具软件	1）ASCII 码、二进制、十六进制及中文汉字编码基本知识 2）串口调试工具软件简介 3）获取并安装串口调试工具软件	（1）方法：讲授法、演示法 （2）重点：安装串口调试工具软件 （3）难点：ASCII 码、二进制、十六进制及中文汉字编码基本知识	2

附录3 四级／中级职业技能培训要求与课程规范对照表

续表

2.1.3 四级／中级职业技能培训要求				2.2.3 四级／中级职业技能培训课程规范			
职业功能模块（模块）	培训内容（课程）	技能目标	培训细目	学习单元	课程内容	培训建议	课堂学时
3. 软件安装与使用	3-1 使用串口调试工具软件	3-1-2 能查询本机当前串口号	查询本机串口号	(2) 配置和使用串口调试工具软件	1) 串口调试工具软件的特点	(1) 方法：演示法、任务驱动法 (2) 重点：使用串口调试工具软件调试串口设备	2
					2) 查询本机串口号		
		3-1-3 能配置串口调试工具软件的参数	(1) 配置串口调试工具软件的参数		3) 配置串口调试工具软件参数		
		3-1-4 能使用串口调试工具软件调试串口设备	(1) 连接串口设备 (2) 使用工具软件调试串口设备		4) 使用串口调试工具软件调试串口设备		
	3-2 使用IP地址扫描工具软件	3-2-1 能安装网际协议地址（internet protocol address，简称IP地址）扫描工具软件	(1) 获取IP地址扫描工具软件 (2) 安装IP地址扫描工具软件	(1) 安装IP地址扫描工具软件	1) IP地址扫描工具软件基本知识	(1) 方法：讲授法、任务驱动法 (2) 重点：IP地址扫描工具软件的安装	2
					2) IP地址扫描工具软件的特点		
					3) 获取IP地址扫描工具软件		
					4) IP地址扫描工具软件的安装		
		3-2-2 能使用IP地址扫描工具软件扫描局域网内的IP地址	(1) 检查并确认本机网络状态 (2) 配置并运行IP地址扫描工具软件 (3) 扫描局域网内的IP地址	(2) 定位目标主机	1) PING指令的基本知识	(1) 方法：讲授法、演示法、任务驱动法 (2) 重点：扫描局域网内的IP地址 (3) 难点：逻辑地址和物理地址的映射关系	2
					2) 逻辑地址和物理地址的映射关系		
					3) IP地址扫描工具软件的使用		
		3-2-3 能根据IP地址扫描工具软件的扫描结果定位目标主机	(1) 解读IP地址扫描工具软件的扫描结果 (2) 定位目标主机		4) 解读扫描结果并定位目标主机		

续表

2.1.3 四级/中级职业技能培训要求				2.2.3 四级/中级职业技能培训课程规范			
职业功能模块（模块）	培训内容（课程）	技能目标	培训细目	学习单元	课程内容	培训建议	课堂学时
3. 软件安装与使用	3-2 使用IP地址扫描工具软件	3-2-4 能根据IP地址扫描工具软件的扫描结果判断目标主机的网络连通状态	判断目标主机的网络连通状态	(3) 判断目标主机的网络连通状态	1) 网络连通状态的分类 2) 判断目标主机的网络连通状态	(1) 方法：讲授法、演示法 (2) 重点：判断目标主机的网络连通状态	1
	3-3 使用蓝牙调试工具软件	3-3-1 能安装并配置蓝牙调试工具软件	(1) 获取蓝牙调试工具软件 (2) 安装蓝牙调试工具软件 (3) 配置蓝牙调试工具软件	(1) 安装并配置蓝牙调试工具软件	1) 蓝牙调试工具软件基本知识 2) 获取蓝牙调试工具软件 3) 安装蓝牙调试工具软件 4) 配置并运行蓝牙调试工具软件	(1) 方法：讲授法、演示法、实训法 (2) 重点：配置并运行蓝牙调试工具软件	1
		3-3-2 能使用蓝牙调试工具软件	(1) 跟踪传输的蓝牙数据包 (2) 分析蓝牙数据包	(2) 使用工具软件跟踪传输的蓝牙数据包	1) 蓝牙通信基本知识 2) 蓝牙数据包的基本格式 3) 使用蓝牙调试工具软件抓取蓝牙数据包 4) 蓝牙数据包的分析	(1) 方法：演示法、任务驱动法 (2) 重点与难点：蓝牙数据包的分析	2
	3-4 使用ZigBee调试工具软件	3-4-1 能安装并配置ZigBee调试工具软件	(1) 获取ZigBee调试工具软件 (2) 安装ZigBee调试工具软件的流程 (3) 配置ZigBee调试工具软件	(1) 安装并配置ZigBee调试工具软件	1) ZigBee调试工具软件基本知识 2) ZigBee调试工具软件的特点 3) 获取ZigBee调试工具软件 4) 安装ZigBee调试工具软件 5) 配置并运行ZigBee调试工具软件	(1) 方法：演示法、实训法 (2) 重点与难点：ZigBee调试工具软件的配置	1

附录3　四级／中级职业技能培训要求与课程规范对照表

续表

2.1.3　四级／中级职业技能培训要求				2.2.3　四级／中级职业技能培训课程规范			
职业功能模块（模块）	培训内容（课程）	技能目标	培训细目	学习单元	课程内容	培训建议	课堂学时
3．软件安装与使用	3-4 使用ZigBee调试工具软件	3-4-2 能使用ZigBee调试工具软件	（1）使用ZigBee调试工具软件跟踪传输的ZigBee数据包 （2）分析ZigBee数据包	（2）使用工具软件跟踪传输的ZigBee数据包	1）ZigBee通信基本知识 2）ZigBee数据包的基本格式 3）使用ZigBee调试工具软件跟踪传输的ZigBee数据包 4）ZigBee数据包的分析	（1）方法：讲授法、案例教学法 （2）重点与难点：ZigBee数据包的分析	2
4．物联网云平台使用	4-1 注册物联网云平台及认证账户	4-1-1 能注册物联网云平台	在线申请物联网云平台账户	物联网云平台的注册及账户认证	1）物联网云平台的概念 2）认识主流物联网云平台 3）在线申请物联网云平台账户 4）对账户进行个人认证和企业认证	（1）方法：讲授法、演示法 （2）重点：对个人账户和企业账户进行认证	1
		4-1-2 能认证物联网云平台账户	对账户进行个人认证和企业认证				
	4-2 使用物联网云平台采集物联网设备数据及控制设备	4-2-1 能在物联网云平台上正确配置设备接入参数	（1）创建NB-IoT类型的产品和设备 （2）设置接入参数	物联网设备的接入与控制	1）网络传输协议基本知识 2）应用层协议（如CoAP、LwM2M、MQTT等）基本知识 3）数据格式基本知识 4）NB-IoT设备的接入与控制 5）网关设备的接入与控制	（1）方法：讲授法、演示法 （2）重点：数据格式的理解	4
		4-2-2 能在物联网云平台上获取上行数据	（1）查看上行数据 （2）分析上行数据的含义				
		4-2-3 能在物联网云平台上发送下行控制指令	在云平台上组织正确的控制命令格式				
课堂学时合计							100

附录4 三级/高级职业技能培训要求与课程规范对照表

2.1.4 三级/高级职业技能培训要求				2.2.4 三级/高级职业技能培训课程规范			
职业功能模块（模块）	培训内容（课程）	技能目标	培训细目	学习单元	课程内容	培训建议	课堂学时
1. 网络环境建立与管理	1-1 配置楼宇范围物联网网络环境	1-1-1 能配置楼宇范围（或相当规模）的RS485网络	(1) 安装楼宇范围的RS485网络设备 (2) 配置楼宇范围的RS485网络	(1) 配置楼宇范围的RS485网络	1) 楼宇范围的RS485网络组成 2) 楼宇范围RS485网络设备的安装 3) 配置楼宇范围的RS485网络	(1) 方法：讲授法、演示法、项目教学法 (2) 重点与难点：配置楼宇范围的RS485网络	6
		1-1-2 能完成楼宇范围（或相当规模）的LoRa无线通信网络覆盖	(1) 配置楼宇范围的LoRa网关 (2) LoRa终端接入网关	(2) 实现楼宇范围的LoRa无线通信网络覆盖	1) 楼宇范围的LoRa通信网络组成 2) 配置楼宇范围的LoRa网关 3) LoRa终端接入网关	(1) 方法：讲授法、演示法、任务驱动法 (2) 重点与难点：配置楼宇范围的LoRa网关	6
		1-1-3 能完成楼宇范围（或相当规模）的Wi-Fi无线通信网络覆盖	(1) 安装楼宇范围的Wi-Fi无线网络设备 (2) 配置楼宇范围的Wi-Fi无线通信网络	(3) 实现楼宇范围的Wi-Fi无线通信网络覆盖	1) 楼宇范围的Wi-Fi无线通信网络组成 2) 安装、配置楼宇核心交换机 3) 安装、配置POE交换机 4) 安装、配置无线AP	(1) 方法：讲授法、演示法、实训法 (2) 重点：安装、配置POE交换机 (3) 难点：安装配置楼宇核心交换机	6
	1-2 接入移动互联网网络	1-2-1 能配置4G/5G网关接入移动网络	(1) 安装4G/5G网关 (2) 配置4G/5G网关	(1) 配置4G/5G网关	1) 4G/5G网关接口常见类型 2) 安装4G/5G网关 3) 配置4G/5G网关	(1) 方法：讲授法、演示法、实训法 (2) 重点与难点：配置4G/5G网关	4
		1-2-2 能配置4G/5G物联网设备接入移动网络	(1) 4G/5G物联网私有云平台配置 (2) 4G/5G物联网设备接入移动网络	(2) 4G/5G物联网设备接入移动网络	1) 4G/5G物联网云平台配置 2) 4G/5G物联网设备接入方法 3) 4G/5G物联网设备接入	(1) 方法：讲授法、演示法、实训法 (2) 重点与难点：4G/5G物联网云平台配置方法	4

附录4 三级／高级职业技能培训要求与课程规范对照表

续表

2.1.4 三级/高级职业技能培训要求			2.2.4 三级/高级职业技能培训课程规范			
职业功能模块（模块）	培训内容（课程）	技能目标	培训细目	学习单元	课程内容	培训建议	课堂学时
2.硬件设备安装与调试	2-1 安装、调试变送器	2-1-1 能检测变送器	(1) 检测电流输出型变送器 (2) 检测电压输出型变送器	(1) 检测变送器	1) 变送器的分类及工作原理 2) 电流输出型变送器和电压输出型变送器的检测方法 3) 传感器的信号转换 4) 电流输出型变送器检测 5) 电压输出型变送器检测	(1) 方法：讲授法、演示法、任务驱动法 (2) 重点与难点：检测电流输出型变送器和电压输出型变送器	2
		2-1-2 能安装、调试变送器	(1) 安装、调试电流输出型变送器 (2) 安装、调试电压输出型变送器	(2) 安装、调试变送器	1) 电流输出型变送器和电压输出型变送器的安装、调试方法 2) 安装、调试电压输出型变送器 3) 安装、调试电流输出型变送器	(1) 方法：讲授法、演示法、实训法 (2) 重点与难点：调试变送器	6
		2-1-3 能保养和维护变送器	(1) 保养和维护电流输出型变送器 (2) 保养和维护电压输出型变送器	(3) 保养和维护变送器	1) 变送器的保养和维护方法 2) 保养、维护与调试电压输出型变送器 3) 保养、维护与调试电流输出型变送器	(1) 方法：讲授法、演示法、实训法 (2) 重点与难点：保养变送器	4
	2-2 调试单片机应用系统	2-2-1 能检测单片机应用系统的功能单元	(1) 认识单片机GPIO引脚 (2) 认识单片机最小系统 (3) 检测单片机功能单元	(1) 单片机的检测	1) 单片机的定义 2) 单片机的结构 3) 单片机的引脚 4) 单片机最小系统 5) 检测单片机功能单元	(1) 方法：讲授法、演示法、实训法 (2) 重点与难点：单片机最小系统	3

附录

续表

	2.1.4 三级/高级职业技能培训要求				2.2.4 三级/高级职业技能培训课程规范			
职业功能模块（模块）	培训内容（课程）	技能目标	培训细目	学习单元	课程内容	培训建议	课堂学时
2. 硬件设备安装与调试	2-2 调试单片机应用系统	2-2-2 能更换故障芯片及外围板卡	（1）判断故障 （2）更换故障板卡	（2）单片机板卡更换	1）判断单片机故障 2）检测与更换电路板卡	（1）方法：讲授法、演示法、实训法 （2）重点与难点：判断单片机故障	1
		2-2-3 能使用单片机进行输入、输出控制	（1）制作跑马灯 （2）制作简易数字钟	（3）单片机I/O控制应用	1）程序基本概念 2）仿真软件的使用 3）单片机I/O口编程 4）制作跑马灯 5）制作简易数字钟	（1）方法：讲授法、演示法、任务驱动法 （2）重点与难点：单片机I/O口与程序控制基本指令	10
		2-2-4 能使用单片机进行数据采集和处理	（1）进行中断控制 （2）进行单片机双机通信	（4）单片机数据采集与处理	1）串口输入与输出控制 2）中断控制 3）单片机双机通信	（1）方法：讲授法、演示法、任务驱动法 （2）重点与难点：中断与串口通信	6
3. 软件安装与使用	3-1 使用网络协议分析软件	3-1-1 能安装并使用网络协议分析软件	（1）获取网络协议分析软件 （2）安装网络协议分析软件 （3）运行网络协议分析软件	（1）安装并使用网络协议分析软件	1）网络协议分析基本知识 2）获取网络协议分析软件 3）安装网络协议分析软件 4）运行网络协议分析软件	（1）方法：项目教学法、演示法、任务驱动法 （2）重点：运行网络协议分析软件	2
		3-1-2 能基于网络协议分析软件抓取特定主机和端口的数据报文	（1）配置网络协议分析软件 （2）抓取特定主机和端口的数据报文	（2）分析主机和端口的数据	1）配置网络协议分析软件 2）抓取特定主机和端口的数据报文 3）导出抓取的数据报文 4）分析和解读数据报文	（1）方法：演示法、讲授法、讨论法 （2）重点：分析和解读数据报文	3
		3-1-3 能抓取数据报文并对抓取的数据报文进行解读	（1）导出抓取的数据报文 （2）分析和解读数据报文				

附录4 三级／高级职业技能培训要求与课程规范对照表

续表

2.1.4 三级/高级职业技能培训要求				2.2.4 三级/高级职业技能培训课程规范			
职业功能模块（模块）	培训内容（课程）	技能目标	培训细目	学习单元	课程内容	培训建议	课堂学时
3. 软件安装与使用	3-2 使用数据库管理软件	3-2-1 能安装并使用常用的数据库管理软件	（1）获取数据库管理软件（2）安装数据库管理软件（3）使用数据库管理软件	（1）安装与使用常用的数据库管理软件	1）数据库管理软件 2）获取数据库管理软件 3）安装数据库管理软件 4）使用数据库管理软件	（1）方法：讲授法、演示法（2）重点：使用数据库管理软件	2
		3-2-2 能识别常用的数据文件类型和数据库文件类型，并能导入、打开数据库文件	（1）识别常用的数据文件类型和数据库文件类型（2）导入并打开常用的数据库文件	（2）导入数据文件	1）常用的数据文件及数据库文件类型 2）导入并打开常用的数据库文件	（1）方法：讲授法、演示法（2）重点：导入并打开常用的数据库文件	2
		3-2-3 能利用SQL语句对数据库的数据进行查询操作	（1）对数据库进行管理（2）对数据进行查询、删除、修改操作	（3）对数据进行查询、删除、修改操作	1）SQL语句基本知识 2）操作数据库文件 3）基于SQL语句的数据查询、删除、修改操作	（1）方法：讲授法、演示法（2）重点与难点：基于SQL语句的数据查询、删除、修改操作	3
4. 物联网云平台使用	4-1 采集变送器数据到物联网云平台	4-1-1 能在物联网云平台中添加转换设备	（1）创建接入协议为Modbus的产品（2）添加设备	采集变送器数据	1）Modbus TCP现场总线协议 2）Modbus协议产品的创建及设备的添加 3）数据流的创建 4）设备连接的建立与保持 5）返回数据的查看与分析	（1）方法：讲授法、演示法（2）重点与难点：Modbus TCP现场总线协议	4
		4-1-2 能配置转换设备参数	（1）创建数据流（2）建立设备连接（3）保持设备在线				
		4-1-3 采集变送器数据到物联网云平台	（1）查看返回数据，并能进行基本操作（2）分析返回数据的含义				

附录

续表

2.1.4 三级/高级职业技能培训要求				2.2.4 三级/高级职业技能培训课程规范			
职业功能模块（模块）	培训内容（课程）	技能目标	培训细目	学习单元	课程内容	培训建议	课堂学时
4. 物联网云平台使用	4-2 处理和使用云平台数据	4-2-1 能利用数据处理公式对数据进行初步处理	对数据进行初步处理	云平台数据的处理和使用	1）通过数据处理公式对数据进行初步处理	（1）方法：讲授法、演示法 （2）重点与难点：数据的可视化展现	4
		4-2-2 会使用云平台的触发器功能	选择触发数据流，设置触发规则		2）触发器的含义		
					3）触发规则的设置		
		4-2-3 能实现时序数据的展示	实现数据的可视化展示		4）使用平台的可视化工具对数据进行展示		
5. 智能物联网系统搭建与使用	5-1 调校智能视频和音频传感器	5-1-1 能调校单目、双目摄像机电、光参数	（1）调整摄像头亮度 （2）调整摄像头饱和度 （3）采用棋盘格标定摄像头内外参数	（1）调校摄像头光、电参数	1）摄像头的类型、特点、规格参数	（1）方法：讲授法、实训法、案例法 （2）重点与难点：用棋盘格标定摄像头参数	2
					2）摄像机成像原理		
					3）摄像机内外参数调整		
					4）摄像头的维护与保养		
		5-1-2 能调整摄像机安装位置和角度	（1）安装摄像头 （2）调整摄像头俯仰角 （3）云台的控制	（2）安装摄像机	1）云台控制	（1）方法：讲授法、实训法 （2）重点：预置位设置	4
					2）预置位设置		
					3）摄像机地址配置		
		5-1-3 能调校全向和定向拾音器电参数	（1）掌握拾音器的类型、特点、规格参数 （2）拾音器电参数调校	（3）调校拾音器电参数	1）无源拾音器电声特性及选型	（1）方法：讲授法、实训法 （2）重点：环境对拾音器工作的影响	2
					2）有源拾音器电声特性及选型		
					3）环境对拾音器工作的影响		
		5-1-4 能调整远场拾音器安装位置和角度	（1）安装拾音器 （2）调整拾音器方向	（4）安装拾音器	1）拾音器技术参数	（1）方法：讲授法、实训法 （2）重点：音频网络阻抗匹配	2
					2）安装技术规范		
					3）音频网络阻抗匹配		
					4）全向拾音器安装		
					5）定向拾音器安装		

附录4 三级／高级职业技能培训要求与课程规范对照表

续表

2.1.4 三级/高级职业技能培训要求				2.2.4 三级/高级职业技能培训课程规范			
职业功能模块（模块）	培训内容（课程）	技能目标	培训细目	学习单元	课程内容	培训建议	课堂学时
5.智能物联网系统搭建与使用	5-2 搭建智能物联网应用	5-2-1 能进行物联网对象的数据标注	(1) 采集语音、文字和图像对象的数据 (2) 对数据进行分组和整理 (3) 进行对象的数据标注	(1) 标注对象特征	1) 语音、文字和图像样本采集 2) 对象的属性及分类 3) 用JSON格式标注数据	(1) 方法：讲授法、实训法 (2) 重点：对象的属性及分类	1
		5-2-2 能进行物联网应用模型训练	(1) 选择训练部署方式 (2) 启动模型训练	(2) 训练应用模型	1) 选择算法 2) 添加训练集 3) 采用公有云API训练 4) 采用私有服务器训练 5) 采用加速设备SDK训练	(1) 方法：讲授法、实训法 (2) 重点与难点：不同训练部署下的模型训练	4
		5-2-3 能进行算法局部参数调优	(1) 进行模型校验 (2) 进行参数调整及验证	(3) 参数调优	1) 调整模型的迭代训练次数 2) 调整模型输入尺寸 3) 调整学习率参数	(1) 方法：讲授法、实训法 (2) 重点与难点：调整学习率参数	1
		5-2-4 能部署智能物联网应用	(1) 在线API调用 (2) 离线SDK API调用 (3) H5发布应用 (4) 智能物联网应用集成 (5) 进行模型的迭代	(4) 部署智能物联网应用	1) 在线调用API方式发布应用 2) 离线SDK方式发布应用 3) H5方式发布应用 4) 智能物联网应用集成 5) 应用模型上线发布	(1) 方法：讲授法、项目教学法 (2) 重点：H5方式发布应用	6
课堂学时合计							100

附录

附录5 二级/技师职业技能培训要求与课程规范对照表

2.1.5 二级/技师职业技能培训要求				2.2.5 二级/技师职业技能培训课程规范			
职业功能模块（模块）	工作内容（课程）	技能目标	培训细目	学习单元	课程内容	培训建议	课堂学时
1. 网络环境建立与管理	1-1 搭建中型物联网应用网络环境	1-1-1 能安装中型（园区范围）物联网应用网络设备	（1）安装中型物联网网络防火墙 （2）安装中型物联网网络交换机	（1）安装中型物联网应用网络设备	1）中型物联网应用网络的组成 2）网络防火墙安装规范 3）安装网络防火墙 4）安装核心交换机注意事项 5）安装网络交换机	（1）方法：讲授法、演示法、实训法 （2）重点与难点：安装网络交换机	4
		1-1-2 能配置中型物联网应用网络环境	（1）配置中型物联网网络防火墙 （2）配置中型物联网网络交换机	（2）配置中型物联网应用网络环境	1）配置网络防火墙 2）配置核心交换机 3）配置网络交换机	（1）方法：讲授法、演示法、任务驱动法 （2）重点与难点：配置核心交换机	4
	1-2 优化物联网网络参数	1-2-1 能分析物联网网络性能测试报告	（1）分析物联网网络IP路由性能 （2）分析物联网网络安全性能 （3）分析物联网网络服务质量	（1）分析物联网网络性能测试报告	1）物联网网络性能指标 2）物联网网络IP路由性能分析 3）物联网网络安全性能分析 4）物联网网络服务质量分析	（1）方法：讲授法、演示法、讨论法 （2）重点：分析物联网网络IP路由性能 （3）难点：分析物联网网络服务质量	4
		1-2-2 能根据物联网网络性能测试报告优化其网络参数	（1）优化物联网网络IP路由参数 （2）优化物联网网络安全参数 （3）优化物联网网络服务质量	（2）优化物联网网络参数	1）物联网网络性能参数优化方法 2）优化物联网网络IP路由参数 3）优化物联网网络安全参数 4）优化物联网网络服务质量参数	（1）方法：讲授法、演示法 （2）重点：优化物联网网络IP路由性能参数 （3）难点：优化物联网网络服务质量参数	4

附录5　二级／技师职业技能培训要求与课程规范对照表

续表

2.1.5　二级／技师职业技能培训要求				2.2.5　二级／技师职业技能培训课程规范			
职业功能模块（模块）	工作内容（课程）	技能目标	培训细目	学习单元	课程内容	培训建议	课堂学时
2．硬件设备安装与调试	2-1 物联网终端集成	2-1-1 能根据应用需求编制物联网终端集成方案	编制物联网终端集成方案	（1）编制物联网终端集成方案	1）物联网终端集成方案规划 2）编制集成方案	（1）方法：讲授法、讨论法 （2）重点与难点：编制集成方案	4
		2-1-2 能以功能模块的方式集成物联网终端	（1）系统功能扩展 （2）功能模块集成	（2）集成物联网终端功能模块	1）总线概念及类型 2）分析终端系统架构图 3）以总线方式扩展系统功能 4）以串口方式扩展系统功能 5）功能模块集成	（1）方法：讲授法、讨论法、任务驱动法 （2）重点：集成功能模块 （3）难点：扩展系统功能	6
	2-2 排除物联网终端故障	2-2-1 能对物联网终端的故障现象进行分析	分析物联网终端故障	排除物联网终端故障	1）物联网终端常见故障类型 2）分析终端故障 3）排除终端故障 4）故障排除记录	（1）方法：讲授法、演示法、案例教学法 （2）重点与难点：分析物联网终端故障原因	8
		2-2-2 能排除物联网终端故障	排除物联网终端故障				
		2-2-3 能编写故障排除记录	编写故障排除记录				
3．软件系统部署与维护	3-1 使用数据分析软件	3-1-1 能安装并使用数据分析软件	（1）获取数据分析软件 （2）安装数据分析软件 （3）配置数据分析软件	（1）安装并使用数据分析软件	1）数据分析基本知识 2）常见的数据分析方法 3）安装配置数据分析软件 4）使用数据分析软件	（1）方法：讲授法、演示法 （2）重点：安装并配置数据分析软件	2
		3-1-2 能使用数据分析软件获取数据	（1）导入数据源或连接数据库 （2）获取数据	（2）获取数据	1）导入数据源 2）连接数据库 3）数据的获取	（1）方法：讲授法、演示法 （2）重点：数据的获取	1

续表

2.1.5 二级/技师职业技能培训要求				2.2.5 二级/技师职业技能培训课程规范			
职业功能模块（模块）	工作内容（课程）	技能目标	培训细目	学习单元	课程内容	培训建议	课堂学时
3. 软件系统部署与维护	3-1 使用数据分析软件	3-1-3 能使用数据分析软件进行数据处理和分析	（1）处理数据 （2）分析数据 （3）生成常用的可视化图形	（3）处理和分析数据	1）数据处理 2）数据分析 3）数据可视化	（1）方法：讲授法、演示法 （2）重点与难点：数据处理	2
	3-2 部署物联网平台	3-2-1 能对物联网平台进行结构分析	（1）分析物联网平台的拓扑结构 （2）分析物联网平台的数据流程	（1）物联网平台的结构分析	1）分析物联网平台的拓扑结构 2）物联网平台性能分析 3）物联网平台的数据流程分析	（1）方法：讲授法、讨论法 （2）重点：分析物联网平台的拓扑结构 （3）难点：分析物联网平台的数据流程	1
		3-2-2 能根据物联网平台部署的要求选择服务器并配置服务器软件环境	（1）服务器性能分析 （2）安装服务器操作系统 （3）配置服务器软件环境	（2）配置服务器软件环境	1）服务器基本知识 2）服务器性能分析 3）安装服务器操作系统 4）配置服务器软件环境	（1）方法：演示法、任务驱动法 （2）重点：安装服务器操作系统 （3）难点：分析服务器性能	2
		3-2-3 能安装并配置物联网平台	（1）安装物联网平台 （2）配置物联网平台	（3）安装并配置物联网平台	1）物联网平台基本知识 2）安装物联网平台 3）配置物联网平台	（1）方法：讲授法、实训教学法 （2）重点：配置物联网平台	2
		3-2-4 能运行并使用物联网平台	（1）运行物联网平台 （2）验证物联网平台功能 （3）验证物联网平台性能	（4）运行并使用物联网平台	1）物联网平台的运行 2）物联网平台的功能验证 3）物联网平台的性能验证	（1）方法：演示法 （2）重点：物联网平台功能验证 （3）难点：验证物联网平台性能	2

附录5　二级／技师职业技能培训要求与课程规范对照表

续表

2.1.5　二级/技师职业技能培训要求				2.2.5　二级/技师职业技能培训课程规范			
职业功能模块（模块）	工作内容（课程）	技能目标	培训细目	学习单元	课程内容	培训建议	课堂学时
4．物联网云平台使用	4-1 转换网络数据格式	4-1-1 能对进入物联网云平台的数据进行格式转换	（1）创建TCP透传类产品（2）将TCP透传数据转换成JSON格式（3）建立TCP连接（4）查看上传数据	数据格式的转换	1）TCP透传概念 2）TCP透传类产品的创建 3）TCP透传数据的JSON格式转换 4）TCP连接的建立 5）上传数据的查看与分析	（1）方法：讲授法、演示法、实训法（2）重点与难点：TCP透传数据的JSON格式转换	2
	4-2 深度处理和使用云平台数据	4-2-1 能使用云平台的规则引擎	（1）会选择不同的数据源（2）编写SQL语句（3）自定义并处理JSON数据（4）转发消息	（1）规则引擎的使用	1）规则引擎的概念 2）数据源的选择 3）SQL语句编写 4）JSON数据的自定义处理 5）消息的转发	（1）方法：讲授法、演示法、实训法（2）重点与难点：编写SQL语句	2
		4-2-2 能对不同来源的数据进行可视化展示	（1）使用平台可视化工具（2）进行第三方平台数据的导入和可视化展示	（2）第三方数据的导入和展示	1）第三方平台产品数据的导入 2）数据可视化的部署及发布 3）WEB可视化部署 4）移动端可视化部署	（1）方法：讲授法、演示法、实训法（2）重点：WEB可视化部署	4
5．智能物联网系统搭建与使用	5-1 构建边缘物联网系统	5-1-1 能创建边缘物联网应用	（1）搭建虚拟机（2）安装虚拟机管理工具（3）进行边缘物联网系统管理（4）搭建边缘物联网应用（5）管理边缘设备	（1）搭建和注册边缘物联网应用系统	1）Linux操作系统基本操作 2）搭建虚拟机 3）安装虚拟机管理工具 4）搭建边缘物联网系统 5）边缘设备激活及去激活管理	（1）方法：讲授法、实训法（2）重点与难点：搭建边缘物联网系统	4

109

续表

2.1.5 二级/技师职业技能培训要求				2.2.5 二级/技师职业技能培训课程规范			
职业功能模块（模块）	工作内容（课程）	技能目标	培训细目	学习单元	课程内容	培训建议	课堂学时
5. 智能物联网系统搭建与使用	5-1 构建边缘物联网系统	5-1-2 能部署容器	（1）安装容器 （2）编辑和调整容器参数	（2）部署容器	1）容器的概念 2）容器的安装 3）容器参数的调整和优化 4）编辑边缘服务参数 5）调用语音、图像等工具库	（1）方法：讲授法、实训法 （2）重点与难点：容器参数的调整和优化	6
	5-2 边缘物联网系统联动设置	5-2-1 能设置物联网边缘网关联动规则	（1）设置边缘网关协议 （2）设置边缘网关传感器和执行器联动规则	（1）边缘网关规则设置	1）边缘网关协议设置 2）边缘网关传感器和执行器联动规则设置 3）边缘网关的管理	（1）方法：讲授法、实训法 （2）重点与难点：边缘网关规则设置	4
		5-2-2 能协同配置云边消息	（1）云边消息协议参数配置 （2）协同云边消息	（2）云边消息管理和协同	1）云边消息分工 2）云边消息协议参数配置 3）云边消息协同管理	（1）方法：讲授法、实训法 （2）重点与难点：云边消息协同	6
6. 管理与创新	6-1 实施管理	6-1-1 能组织有关人员协同作业	（1）编制项目实施计划进度表 （2）组织与管理多人协同作业	物联网工程项目的组织管理	1）编制项目实施计划进度表 2）确定人员分工与工作职责 3）物联网工程项目实施规范与操作指导书 4）物联网工程实施典型案例分析	（1）方法：情景教学法、讨论法、案例分析法 （2）重点：工程任务的分解 （3）难点：物联网工程典型案例分析	4

附录5 二级／技师职业技能培训要求与课程规范对照表

续表

2.1.5 二级／技师职业技能培训要求				2.2.5 二级／技师职业技能培训课程规范			课堂学时
职业功能模块（模块）	工作内容（课程）	技能目标	培训细目	学习单元	课程内容	培训建议	
6. 管理与创新	6-2 质量管理	6-2-1 能在本职工作中观察各项质量标准	（1）掌握物联网工程验收质量标准 （2）进行物联网工程项目质量管理	物联网工程质量保证	1）物联网工程质量相关国家标准	（1）方法：讨论法、项目教学法 （2）重点：相关国家标准 （3）难点：项目验收指标的制定	4
					2）制订物联网工程项目质量管理与责任分工计划		
					3）编写物联网工程项目质量验收文件		
					4）撰写物联网工程验收报告文本		
		6-2-2 能应用质量管理知识实施操作过程中的质量分析与控制	分析与控制物联网工程质量		5）确定物联网工程实施、验收阶段质量管理内容		
					6）物联网工程质量的分析与控制		
		6-2-3 能根据质量管理和认证的要求编写相关文件和作业指导书	（1）编制物联网工程质量控制文件 （2）编制物联网工程项目作业指导书		7）编制物联网工程质量控制（程序）文件		
					8）编制物联网工程项目作业指导书		
7. 培训与指导	7-1 工作指导	7-1-1 能对三级/高级工及以下技能等级人员进行安全、技术指导	物联网工程项目施工安全与技术要点指导	对三级/高级工及以下技能等级人员进行操作技术指导	1）物联网设备安装操作安全规范	（1）方法：讲授法、演示法、讨论法、案例教学法 （2）重点：物联网新技术、新工艺 （3）难点：典型操作规范案例分析与经验分享	4
					2）物联网工程操作技术要点示范指导（视频录制）		
		7-1-2 能指导三级/高级工及以下技能等级人员在作业工程中应用新技术、新工艺、新器件、新设备	指导三级/高级工及以下技能等级人员应用新技术、新工艺、新器件、新设备		3）物联网新技术、新工艺		
					4）物联网新器件、新设备技术参数及应用场景		

111

续表

2.1.5 二级/技师职业技能培训要求					2.2.5 二级/技师职业技能培训课程规范			
职业功能模块（模块）	工作内容（课程）	技能目标	培训细目	学习单元	课程内容	培训建议	课堂学时
7. 培训与指导	7-2 技能培训	7-2-1 能撰写培训讲义	（1）编制培训计划 （2）编制培训讲义	技术技能人员培训	1）培训计划的编制 2）培训讲义编写体例及要求 3）根据培训实际需求编写培训讲义（培训课件） 4）不同级别技能人员培训的内容设计与培训组织	（1）方法：讲授法、讨论法、案例分析法 （2）重点与难点：不同级别技能人员培训内容的设计与培训组织	4
		7-2-2 能对三级/高级工及以下技能等级人员进行技能培训	（1）编制培训计划 （2）对三级/高级工及以下技能等级人员进行技能培训				
课堂学时合计							90

附录6 一级/高级技师职业技能培训要求与课程规范对照表

2.1.6 一级/高级技师职业技能培训要求					2.2.6 一级/高级技师职业技能培训课程规范			
职业功能模块（模块）	培训内容（课程）	技能目标	培训细目	学习单元	课程内容	培训建议	课堂学时
1. 网络环境建立与管理	1-1 制定大型物联网应用网络系统施工方案	1-1-1 能根据项目网络方案制定大型（城域范围）物联网应用网络施工方案	（1）根据项目网络方案制定施工技术方案 （2）确定施工组织管理方案	制定大型物联网应用网络施工方案	1）大型物联网应用网络结构 2）根据网络设计方案制定施工技术方案 3）确定施工组织管理机构 4）制订施工进度计划 5）制定质量目标及质量保证措施 6）制定施工安全管理方案	（1）方法：讲授法、案例教学法 （2）重点：根据项目网络设计方案制定施工技术方案 （3）难点：制定质量目标及质量保证措施	4

附录6 一级／高级技师职业技能培训要求与课程规范对照表

续表

2.1.6 一级/高级技师职业技能培训要求				2.2.6 一级/高级技师职业技能培训课程规范			
职业功能模块（模块）	培训内容（课程）	技能目标	培训细目	学习单元	课程内容	培训建议	课堂学时
1．网络环境建立与管理	1-2 排除大型物联网网络故障	1-2-1 能判定物联网网络故障类型	(1) 判定物理类故障 (2) 判定逻辑类故障	(1) 物联网网络故障的判定	1) 物联网网络故障类型 2) 物理类故障判定 ①线路故障判定 ②端口故障判定 ③集线器、路由器故障判定 3) 逻辑类故障判定 ①路由器逻辑故障判定 ②重要进程或端口意外关闭故障判定	(1) 方法：讲授法、演示法、案例教学法 (2) 重点：物理类故障判定 (3) 难点：逻辑类故障判定	4
		1-2-2 能排除物联网网络故障	(1) 排除物理类故障 (2) 排除逻辑类故障	(2) 物联网网络故障的排除	1) 物理类故障排除 ①线路故障排除 ②端口故障排除 ③集线器、路由器故障排除 2) 逻辑类故障排除 ①路由器逻辑故障排除 ②重要进程或端口意外关闭故障排除	(1) 方法：讲授法、演示法、案例教学法 (2) 重点：物理类故障排除 (3) 难点：逻辑类故障排除	4
2．硬件系统集成与维护	2-1 集成物联网硬件系统	2-1-1 能根据需求编制物联网硬件系统集成方案	编制物联网硬件系统集成方案	(1) 物联网硬件系统集成方案编制	1) 物联网硬件系统集成方案编制方法 2) 编制物联网硬件系统集成方案	(1) 方法：讲授法、讨论法 (2) 重点与难点：物联网硬件系统集成方案编制方法	4

续表

2.1.6 一级/高级技师职业技能培训要求				2.2.6 一级/高级技师职业技能培训课程规范			
职业功能模块（模块）	培训内容（课程）	技能目标	培训细目	学习单元	课程内容	培训建议	课堂学时
2. 硬件系统集成与维护	2-1 集成物联网硬件系统	2-1-2 能集成各个物联网硬件设备子系统	(1) 识读总线协议 (2) 接入硬件设备子系统	(2) 物联网硬件设备子系统集成	1) 总线协议分析 2) 硬件技术标准和接口规范 3) 硬件设备子系统的接入 4) 硬件集成系统调试	(1) 方法：讲授法、讨论法 (2) 重点：硬件设备子系统的接入 (3) 难点：总线协议	2
		2-1-3 能扩展物联网硬件系统的功能	扩展核心控制模块的功能	(3) 物联网硬件系统功能的扩展	1) 核心控制模块配置 2) 核心控制模块功能扩展	(1) 方法：讲授法、演示法、实训法 (2) 重点：核心控制模块功能扩展 (2) 难点：核心控制模块配置	2
	2-2 维护物联网硬件系统	2-2-1 能排除物联网硬件系统的故障	(1) 排除电源故障 (2) 排除设备主机故障 (3) 排除线路故障	(1) 物联网硬件系统故障的排除	1) 电源故障、设备主机故障、线路故障的排查方法 2) 电源故障排除 3) 设备主机故障排除 4) 线路故障排除	(1) 方法：讲授法、演示法、案例教学法 (2) 重点与难点：设备主机故障排除	4
		2-2-2 能进行物联网硬件系统维护	(1) 维护电源 (2) 维护设备主机 (3) 维护线路	(2) 物联网硬件系统的维护	1) 电源系统、设备主机和线路的维护方法 2) 电源系统维护 3) 设备主机维护 4) 线路维护	(1) 方法：讲授法、案例教学法 (2) 重点与难点：设备主机维护	2

附录6 一级／高级技师职业技能培训要求与课程规范对照表

续表

<table>
<tr><th colspan="4">2.1.6 一级／高级技师职业技能培训要求</th><th colspan="4">2.2.6 一级／高级技师职业技能培训课程规范</th></tr>
<tr><th>职业功能模块（模块）</th><th>培训内容（课程）</th><th>技能目标</th><th>培训细目</th><th>学习单元</th><th>课程内容</th><th>培训建议</th><th>课堂学时</th></tr>
<tr><td rowspan="5">3．软件系统部署与维护</td><td rowspan="2">3-1 部署物联网软件系统</td><td>3-1-1 能编写物联网软件系统部署说明文档</td><td>(1) 安装说明文档的结构设计
(2) 编写物联网软件系统部署说明文档</td><td>(1) 物联网软件系统部署说明文档的编写</td><td>1) 物联网软件系统体系结构
2) 物联网软件系统部署说明文档格式规范
3) 编写物联网软件系统部署说明文档</td><td>(1) 方法：讲授法、演示法
(2) 重点与难点：编写物联网软件系统部署说明文档</td><td>1</td></tr>
<tr><td>3-1-2 能对物联网软件系统进行部署</td><td>(1) 分析物联网软件系统性能要求
(2) 部署物联网软件系统
(3) 配置物联网软件系统</td><td>(2) 物联网软件系统的部署和配置</td><td>1) 分析物联网软件系统对承载平台的性能要求
2) 根据物联网软件系统合理选择承载平台
3) 部署物联网软件系统
4) 配置物联网软件系统</td><td>(1) 方法：讲授法、演示法、实训法
(2) 重点：部署物联网软件系统
(3) 难点：分析物联网软件系统对承载平台的性能要求</td><td>2</td></tr>
<tr><td rowspan="3">3-2 维护物联网软件系统</td><td>3-2-1 能解读物联网应用程序日志</td><td>(1) 获取操作系统和物联网应用程序运行日志
(2) 解读物联网应用程序日志</td><td>(1) 物联网应用程序日志的解读</td><td>1) 操作系统运行日志的调取和解读方法
2) 物联网应用程序日志获取
3) 物联网应用程序日志解读</td><td>(1) 方法：案例教学法
(2) 重点：解读物联网应用程序日志</td><td>1</td></tr>
<tr><td>3-2-2 能诊断物联网软件系统运行中存在的问题</td><td>(1) 分析物联网软件系统运行状态
(2) 诊断物联网软件系统运行中存在的问题</td><td>(2) 物联网软件系统的诊断</td><td>1) 物联网软件系统维护规程
2) 分析物联网软件系统运行状态
3) 诊断物联网软件系统运行中存在的问题</td><td>(1) 方法：讲授法、案例教学法
(2) 重点：分析物联网软件系统运行状态
(3) 难点：诊断物联网软件系统运行中存在的问题</td><td>2</td></tr>
<tr><td>3-2-3 能排除物联网软件系统出现的故障和问题</td><td>(1) 诊断物联网软件系统故障
(2) 排除物联网软件系统故障</td><td>(3) 物联网软件系统故障的诊断与排除</td><td>1) 物联网软件系统故障的类型
2) 诊断物联网软件系统故障
3) 排除物联网软件系统故障</td><td>(1) 方法：项目教学法、讨论法
(2) 重点：物联网软件系统常见故障
(3) 难点：排除物联网软件系统故障</td><td>2</td></tr>
</table>

续表

2.1.6 一级/高级技师职业技能培训要求				2.2.6 一级/高级技师职业技能培训课程规范			
职业功能模块（模块）	培训内容（课程）	技能目标	培训细目	学习单元	课程内容	培训建议	课堂学时
3. 软件系统部署与维护	3-2 维护物联网软件系统	3-2-4 能根据物联网项目需求优化物联网软件系统	（1）进行物联网项目需求分析 （2）进行物联网软件系统结构优化 （3）进行物联网软件系统参数优化	（4）物联网软件系统的优化	1）物联网项目需求分析 2）物联网软件系统的优化方法 3）物联网软件系统结构优化 4）物联网软件系统参数优化	（1）方法：讲授法、演示法 （2）重点：物联网软件系统参数优化 （3）难点：物联网软件系统结构优化	2
4. 物联网云平台使用	4-1 复杂应用场景中的数据采集与传输	4-1-1 能同时采集超过10种类型的物联网设备数据至物联网云平台	（1）采集智能终端设备数据 （2）配置平台端的属性	（1）不同类型设备的数据采集与传输	1）4G、NB-IoT等传输技术的优劣势及应用 2）采集10种类型的物联网设备数据至物联网云平台 3）平台端的属性配置	（1）方法：讲授法、演示法 （2）重点：不同传输方式和传输协议的应用	2
		4-1-2 能采集不少于3种总线协议类型的设备数据至物联网云平台	（1）进行总线协议与MQTT（message queuing telemetry transport，消息队列遥测传输）协议的转换 （2）转换数据向云平台发送 （3）配置平台端的属性	（2）不同总线协议设备的数据采集与传输	1）总线协议的共性与特性 2）协议转换终端设备的工作原理 3）将不少于3种的现场总线协议转换为MQTT协议 4）通过MQTT协议与平台建立连接 5）平台端的属性配置	（1）方法：讲授法、演示法 （2）重点：协议转换终端的参数配置	4
	4-2 使用数据可视化工具	4-2-1 能使用平台的可视化工具实现基于地图的三维综合展示	使用平台的可视化工具实现基于地图的三维综合展示	三维可视化工具的使用	1）目标建筑三维模型的建立 2）数据点位的建立与导入 3）数据绑点与基于GIS的场景融合	（1）方法：讲授法、演示法 （2）重点与难点：数据的三维展示	4

附录6　一级/高级技师职业技能培训要求与课程规范对照表

续表

2.1.6 一级/高级技师职业技能培训要求				2.2.6 一级/高级技师职业技能培训课程规范			
职业功能模块（模块）	培训内容（课程）	技能目标	培训细目	学习单元	课程内容	培训建议	课堂学时
5. 智能物联网系统搭建与使用	5-1 构建智能物联网应用系统	5-1-1 能部署安全和加密应用	（1）检索物联网设备 （2）检测物联网设备信息 （3）扫描安全漏洞 （4）预防物理域攻击 （5）分析物联网安全案例	（1）物联网安全	1）物联网信息安全问题 2）物联网设备搜索和设备信息检测 3）安全漏洞挖掘与验证 4）物理域攻击的预防 5）物联网安全案例	（1）方法：讲授法、案例教学法 （2）重点与难点：物联网安全和加密最佳实践	6
		5-1-2 能使用算力加速设备和工具提高应用系统性能	（1）安装GPU设备 （2）安装GPU驱动和软件工具 （3）使用算子和算法 （4）使用嵌入式加速设备	（2）算力加速设备和工具运用	1）算力加速设备的种类 2）CPU、GPU的运算特点 3）GPU驱动和软件工具安装 4）嵌入式算力加速设备的使用	（1）方法：讲授法、实训法 （2）重点与难点：GPU驱动和软件工具的安装及使用	2
	5-2 构建5G物联网系统	5-2-1 能设计多传感器融合应用系统	（1）设计多传感器融合系统 （2）进行多传感器融合算法选型	（1）多传感器融合系统设计	1）多传感器融合原理和系统结构 2）多传感器融合系统设计方法 3）集中式多传感器融合系统设计 4）分散式多传感器融合系统设计 5）多传感器融合算法选型	（1）方法：讲授法、实训法 （2）重点与难点：融合算法选择和设计	6

附录

续表

2.1.6 一级/高级技师职业技能培训要求				2.2.6 一级/高级技师职业技能培训课程规范			
职业功能模块（模块）	培训内容（课程）	技能目标	培训细目	学习单元	课程内容	培训建议	课堂学时
5. 智能物联网系统搭建与使用	5-2 构建5G物联网系统	5-2-2 能利用5G网络连接海量物联网传感器	（1）更改5G CPE APN （2）选择5G组网模式 （3）设置5G CPE以太网 （4）安装SIM卡和开通用户 （5）开通多协议	（2）5G CPE网关与平台设置	1）5G独立组网和非独立组网网络特点 2）5G CPE网络设置 3）5G CPE WLAN设置 4）VPN设置 5）SIM卡安装和用户开通 6）Modbus、扩展协议等多协议开通与格式转换	（1）方法：讲授法、实训法 （2）重点与难点：多协议开通与格式转换	4
		5-2-3 物联网应用时延测试及优化	（1）测试5G运营商网速 （2）进行5G CPE WLAN信号覆盖和网速测试 （3）检测不同区域SIM卡信号质量 （4）安装5G CPE室外天线	（3）5G CPE网络性能测试及组网方式优化	1）5G运营商选择 2）5G CPE室内外WLAN信号测试 3）不同区域SIM卡信号质量检测 4）5G CPE室外天线的安装	（1）方法：讲授法、实训法 （2）重点与难点：不同区域SIM卡信号质量检测	2
6. 管理与创新	6-1 实施管理	6-1-1 能根据计划提出调度及人员管理方案	工程项目管理的生产要素及进度管理	物联网工程项目管理	1）物联网工程项目管理概念、分类与作用 2）编制物联网工程项目进度管理计划书 3）制定物联网工程实施人员责任书 4）物联网工程项目管理典型案例分析	（1）方法：讲授法、讨论法、案例教学法 （2）重点与难点：编制项目进度管理计划书	4

附录6 一级／高级技师职业技能培训要求与课程规范对照表

续表

2.1.6 一级/高级技师职业技能培训要求				2.2.6 一级/高级技师职业技能培训课程规范			
职业功能模块（模块）	培训内容（课程）	技能目标	培训细目	学习单元	课程内容	培训建议	课堂学时
6.管理与创新	6-2 项目成本核算	6-2-1 能正确核算施工过程中发生的各项费用	工程项目成本管理与控制	物联网工程项目成本核算	1) 物联网工程项目成本管理与控制要素	(1) 方法：讲授法、讨论法、案例教学法、实操训练法 (2) 重点与难点：确定成本核算的对象	2
		6-2-2 能计算工程项目的实际成本	工程项目成本核算与分析		2) 物联网工程成本核算的对象、方法和过程		
					3) 撰写物联网工程成本核算报告		
7.培训与指导	7-1 工作指导	7-1-1 能对二级/技师及以下技能等级人员进行安全、技术指导	进行物联网工程项目施工安全与技术指导	指导技师及以下技能等级人员进行安全操作及故障排除	1) 编写物联网工程核心设备安全操作指导书	(1) 方法：讲授法、演示法、案例教学法 (2) 重点与难点：故障排查与定位	4
					2) 物联网核心设备安装技术规范		
		7-1-2 能指导二级/技师及以下技能等级人员处理疑难故障	指导技师及以下技能等级人员进行物联网工程疑难故障排查与处理		3) 物联网工程项目疑难故障排查方法		
					4) 物联网工程项目复杂故障的处理方法		
					5) 典型大型物联网工程项目故障排查与处理案例分析		
	7-2 技能培训	7-2-1 能对二级/技师及以下技能等级人员进行技能培训	(1) 编写培训与考核文件 (2) 使用信息化教学手段与方法	培训技师及以下技能等级人员	1) 编写系统化培训大纲	(1) 方法：讲授法、讨论法、演示法 (2) 重点与难点：新工艺、新技术培训讲义编写	4
					2) 编制技能考核方案		
					3) 制定培训与考核计划书		
		7-2-2 能对新技术、新工艺、新设备的应用进行系统化培训	系统化培训组织与管理		4) 编写物联网新技术、新工艺、新设备培训讲义		
课堂学时合计							80

附录 7　相关术语解释

（1）物联网

物联网 internet of things（IoT）是指通过二维码读取设备、射频识别（RFID）装置、传感器、红外线感应器、全球定位系统和激光扫描器等信息传感设备，按照既定协议，把任何物品与互联网连接，进行信息交换和通信，以实现智能化识别、定位、跟踪、监控和管理的一种网络。

（2）物联网网络

物联网网络是以 TCP/IP 网络协议（transmission control protocol/internet protocol 的简写，中文译名为传输控制协议/因特网互联协议，又名网络通信协议）为基础，通过无线传感网络（如 ZigBee、LoRa、蓝牙等）收集传感器的数据，通过网关转换后传输到互联网（Wi-Fi、4G、5G 等）以实现智能化决策和控制的整合集成异构网络。

（3）物联网硬件

物联网硬件是指物联网系统中为信息感知、信息传输及数据接收处理所配置的硬件设备，主要有芯片、模组、板卡、传感器、微控制器、模块、终端等。

（4）物联网终端

物联网终端是指物联网中连接感知控制层和网络传输层，实现数据采集、智能处理及向网络层发送数据的设备，具备数据感知、信息处理、加密、传输等多种功能。物联网终端由外围感知（传感）接口、中央处理模块和外部通信接口三个部分组成。

（5）物联网软件

物联网软件是指物联网感知层、网络层以及应用层所涉及的物联网操作系统和应用程序。从功能角度，物联网软件的类型包括数据感知软件、中间件软件、网络操作系统与网络协议、物联网信息管理软件等。如微信小程序、移动端 App、计算机端应用程序，硬件和物联网网络的调试工具软件等。

（6）物联网云平台

物联网云平台是部署于云服务器，介于物联网终端与各类应用之间的中间件平台，具有支持物联网设备的访问控制、连接管理、数据处理、状态监控，事件处理等功能。

（7）智能物联网

智能物联网是指依托物联网感知技术，采用边缘计算和云计算协同框架，利用人工智能方法，实现感知、传输、信息处理和决策控制有机融合的物联网系统。

（8）专有名词

TCP/IP：transmission control protocol/internet protocol，传输控制协议/网际协议，是指能够在多个不同网络间实现信息传输的协议簇。

附录 7　相关术语解释

RFID：radio frequency identification，射频识别，俗称电子标签。

PCB：printed circuit board，中文名称为印制电路板。

App：application，应用程序，一般指手机软件。

ZigBee：紫蜂协议，是基于 IEEE802.15.4 标准的低功耗局域网协议。ZigBee 技术是一种短距离、低功耗的无线通信技术。

LoRa：long range radio，远距离无线电，是一种低功耗局域网无线标准。

NB-IoT：narrow band internet of things，窄带物联网。

API：application program interface，应用程序接口，是指计算机操作系统或程序库提供给应用程序调用的代码。

MQTT 协议：message queuing telemetry transport 协议，消息队列遥测传输协议。

GPU：graphics processing unit，图形处理器。

CPE：customer premise equipment，客户前置设备。

GPIO：general purpose Input/Output，通用输入/输出。

AP：access point，接入点。

APN：access point name，接入点名称。

VPN：virtual private network，虚拟专用网络。

NFC：near field communication，近距离无线通信。

PING：packet internet groper，分组网间探测，用来测试两个主机之间连通性的网络命令。

POE：power over ethernet，有源以太网。

JSON：JavaScript object notation，JS 对象简谱，是一种轻量级的数据交换格式。

SDK：software development kit，软件开发工具包。

GIS：geographic information system，地理信息系统。

WSN：wireless sensor network，无线传感器网络。

OCR：optical character recognition，光学字符识别。

ASR：automatic speech recognition，自动语音识别。

EPC：electronic product code，电子产品编码。

M2M：machine to machine，机器对机器。

ONS：object naming service，对象名解析服务。

PML：physical markup language，实体标示语言。

XML：extensible markup language，可扩展标示语言。

UWB：ultra wide band，超宽带。

LBS：location based service，位置的服务，又称定位服务。

GPS：global positioning system，全球定位系统。

附录

SOA：service-oriented architecture，面向服务的架构。

DAS：direct attached storage，直连式存储。

NAS：network attached storage，网络附加存储。

SAN：storage area network，存储区域网络。

MEMS：micro-electro-mechanical system，微电子机械系统（微机电系统）。

LPWAN：low-power wide-area network，低功率广域网络。

AIoT：artificial intelligence & internet of things，AIoT（人工智能物联网）=AI（人工智能）+IoT（物联网）。

UDP：user datagram protocol，用户数据报协议，通信网络中一种无连接的传输层协议。